高海拔地区建筑工程施工技术指南

严 晗 编著

中国铁道出版社有限公司

2019年·北京

图书在版编目(CIP)数据

高海拔地区建筑工程施工技术指南/严晗编著. —北京：中国铁道出版社有限公司,2019.8
 ISBN 978-7-113-26003-3

Ⅰ.①高… Ⅱ.①严… Ⅲ.①高原—建筑工程—工程施工—指南②寒冷地区—建筑工程—工程施工—指南 Ⅳ.①TU74-62

中国版本图书馆 CIP 数据核字(2019)第 131500 号

书　　名：	高海拔地区建筑工程施工技术指南
作　　者：	严　晗

策　　划：	徐　艳		
责任编辑：	张　瑜	编辑部电话：	010-51873017
封面设计：	刘　莎		
责任校对：	苗　丹		
责任印制：	高春晓		

出版发行：中国铁道出版社有限公司(100054,北京市西城区右安门西街 8 号)
网　　址：http://www.tdpress.com
印　　刷：中国铁道出版社印刷厂
版　　次：2019 年 8 月第 1 版　2019 年 8 月第 1 次印刷
开　　本：850 mm×1 168 mm　1/32　印张：6.125　字数：153 千
书　　号：ISBN 978-7-113-26003-3
定　　价：30.00 元

版权所有　侵权必究

凡购买铁道版图书,如有印制质量问题,请与本社读者服务部联系调换。
电话:(010)51873174(发行部)
打击盗版举报电话:市电(010)51873659,路电(021)73659,传真(010)63549480

前　言

青藏高原(Qinghai-Tibet Plateau)是中国最大、世界海拔最高的高原,被称为"世界屋脊""第三极",南起喜马拉雅山脉南缘,北至昆仑山、阿尔金山和祁连山北缘,西部为帕米尔高原和喀喇昆仑山脉,东部及东北部与秦岭山脉西段和黄土高原相接,介于北纬26°00′~39°47′、东经73°19′~104°47′之间。青藏高原气候总体特点:辐射强烈,属高紫外辐射区,日照多,气温低,积温少,气温随高度和纬度的升高而降低,气温日较差大;干湿分明,多夜雨;冬季干冷漫长,大风多;夏季温凉多雨,冰雹多。青藏高原年平均气温由东南的 20 ℃向西北递减至 -6 ℃以下,极端高温为 25 ℃~26 ℃,极端低温为 -45 ℃~ -36 ℃。

由于南部海洋暖湿气流受多重高山阻留,年降水量也相应由 2 000 mm 递减至 50 mm 以下。喜马拉雅山脉北翼年降水量不足 600 mm,而南翼为亚热带及热带北缘山地森林气候,最热月平均气温 18 ℃~25 ℃,年降水量 1 000~4 000 mm。而昆仑山中西段南翼属高寒半荒漠和荒漠气候,最暖月平均气温 4 ℃~6 ℃,年降水量 20~100 mm。日照充足,年太阳辐射总量 140~180 kcal/cm^2,年日照总时数 2 500~3 200 h。冰雹日最多,如那曲年冰雹日 20~30 d。

西宁市位于青海省东北部,青藏高原东北部,地处湟水及三条支流的交汇处,呈东西向条带状,地势西南高、东北低。四周群山怀抱,南有南山,北有北山。地理坐标东经 101°77′、北纬 36°62′。西宁属大陆性高原半干旱气候,年平均日照为 1 939.7 h,年平均气温 7.6 ℃,最高气温 34.6 ℃,最低气温 -18.9 ℃,属高原高山寒温性气候。夏季平均气温 17 ℃~19 ℃,气候宜人,是消夏避暑胜地,有"中国夏都"之称。市区海拔 2 261 m,年平均降水量

380 mm,蒸发量 1 363.6 mm,湟水及其支流南川河、北川河由西、南、北汇合于市区,向东流经全市。

德令哈市位于青海省西北部,在地貌单元上分属祁连山地和柴达木盆地。柴达木盆地在大地构造上属秦岭—昆仑—祁连地槽褶皱系的一部分,为中新代凹陷盆地。盆地中心大致沿37°20′(即宗务隆山前地带)的纬向基底断裂控制了盆地新生构造运动的性质,该断裂线以北的盆地西部和盆地东北部,自第三纪以来,一直缓慢上升,形成主要由第三系和中下更新统砂岩组成的丘陵带。盆地南部剧烈下沉,是第四系的主要堆积场所,厚达 1 200 m,形成由上更新统的近代洪积、冲积及湖积层组成的山前倾斜平原。德令哈市属高原大陆性气候区,具有高寒缺氧、空气干燥、少雨多风、年内四季不分的特点。德令哈市地处青藏高原,日照充足,阳光充沛,日光辐射量为 160~175 kcal/cm^2,全年日照为 3 554 h。

格尔木市地处欧亚大陆中部,地貌复杂,地形南高北低,由西向东倾斜。昆仑山、唐古拉山横贯全境,山势高峻,气势磅礴。该市居世界屋脊,境内雪峰连绵,冰川广布,冰塔林立,河流纵横,湖泊星罗棋布,为世界之最。唐古拉山主峰格拉丹东雪峰海拔 6 549 m,高峻挺拔,雄伟壮丽,是长江和澜沧江的发源地。盆地地势平坦,沙丘起伏,绿洲陷显,盐湖、碱滩、沼泽众多,其中察尔汗盐湖是世界上最大的盐湖,号称"盐湖之王"。格尔木市辖区属大陆高原气候,少雨、多风、干旱,冬季漫长寒冷,夏季凉爽短促,降雨量年平均仅 41.5 mm,年蒸发量却高达 3 000 mm 以上。日照时间长,年平均高达 3 358 h,光热资源充足。唐古拉山镇辖区属典型高山地貌,气候寒冷,仅有冬夏两季,年平均气温 -4.2 ℃,极端高温 35 ℃,极端低温 -33.6 ℃,无绝对无霜期,年平均降水量 284.4 mm,年蒸发量 1 667 mm。

那曲县境内多山,地势呈西北向东南缓坡状,坡度较为平缓,多数山呈浑圆状,属高原丘陵地形。那曲县属高原亚寒带季风半湿润气候区,平均海拔 4 500 m 以上,高寒缺氧,气候干燥,全年大风日 100 d 左右,年平均气温为 -2.2 ℃,最冷时可达零下三四十摄氏度,全年日照时数为 2 886 h 以上;一年中 5~9 月份相对温暖,年降水量 400 mm 以上。全年没有绝对无霜期,每年 10 月至次年 5 月为风雪期和土壤冻结期,6 月到 8 月为生长期。

拉萨市位于青藏高原的中部,海拔 3 650 m,是世界上海拔最高的城市之一,地势北高南低,由东向西倾斜,中南部为雅鲁藏布江支流拉萨河中游河谷平原,地势平坦。气候属高原温带半干旱季风气候区,年日照时数 3 000 h,比四川省成都市多 1 800 h,比上海市多 1 100 h,在我国各城市中名列前茅,故有"日光城"的美称。拉萨市地处喜马拉雅山脉北侧,受下沉气流的影响,全年多晴朗天气,降雨稀少,冬无严寒,夏无酷暑,属高原温带半干旱季风气候。历史最高气温 29.6 ℃,最低气温 -16.5 ℃,年平均气温 7.4 ℃。降雨量集中在 6~9 月份,年降水量为 200~510 mm。太阳辐射强,空气稀薄,气温偏低,昼夜温差较大,冬春寒冷干燥且多风。年无霜期 100~120 d。

本书针对高海拔地区建筑施工特点,将高寒地区长期施工经验与高寒地区地理、气候特点相结合,从地基与基础、支护结构、高原钢筋、混凝土、防水、屋面、冬季施工、高原绿植及钢结构等领域出发,在构造措施、施工工艺、材料性能几个方面进行深入研究,总结得到高原特有的施工特点和工艺,整理出高海拔寒冷地区建筑工程施工技术指南,力求抛砖引玉、举一反三。

目 录

1 高海拔地区地基基础施工 ··· 1

  1.1 冻土区地基施工 ··· 1

  1.2 高海拔地区盐渍土路基施工 ································· 3

  1.3 高原地区风沙地基的防治与施工 ····························· 4

  1.4 砂土地区钻孔灌注桩后注浆施工 ····························· 6

  1.5 高原地区外包布袋混凝土施工 ······························ 11

  1.6 高海拔地区人工挖孔桩施工 ································ 17

2 高海拔地区支护技术 ··· 25

  2.1 预应力锚杆 ·· 25

  2.2 复合土钉墙 ·· 27

  2.3 冻结法施工 ·· 31

  2.4 综合支护 ·· 34

  2.5 超深基坑支护 ·· 38

3 高海拔地区混凝土结构施工 ······································ 42

  3.1 CSA 混凝土超长结构无缝施工 ······························ 42

  3.2 劲性柱混凝土施工 ·· 48

  3.3 抗腐蚀高性能混凝土施工 ··································· 52

  3.4 发泡混凝土施工 ·· 56

  3.5 超大超厚超体量混凝土施工 ································ 58

4 高海拔地区大跨度铝结构穹顶施工 ······························ 61

  4.1 铝合金穹顶深化设计 ·· 61

4.2	施工过程模拟计算分析	62
4.3	穹顶操作平台及安装方案	63

5 高海拔地区钢结构工程施工 … 65

6 高海拔地区屋面工程施工 … 73
- 6.1 改良倒置屋面施工 … 73
- 6.2 呼吸式屋面排气系统施工 … 75
- 6.3 种植屋面施工 … 78
- 6.4 铝镁锰金属屋面施工 … 81

7 高海拔地区保温工程施工 … 91
- 7.1 玻璃纤维板外墙保温施工 … 91
- 7.2 聚苯板+泡沫玻璃防火隔离带保温施工 … 94
- 7.3 外墙、整体式屋面、地面保温施工 … 98
- 7.4 无机纤维复合保温材料施工 … 102

8 高海拔地区防水工程施工 … 106
- 8.1 防水卷材施工 … 106
- 8.2 防水涂料施工 … 113
- 8.3 刚性防水层施工 … 117
- 8.4 防渗堵漏 … 122

9 高海拔地区装饰装修施工 … 125
- 9.1 砌筑工程施工 … 125
- 9.2 外墙装饰混凝土劈裂砌块施工 … 128
- 9.3 民族建筑构配件做法及施工 … 132
- 9.4 藏式建筑彩色混凝土施工 … 135
- 9.5 高海拔强紫外线地区外墙保温及装饰施工 … 137

  9.6 外墙氟碳漆施工 ·· 140
  9.7 植物种植施工 ·· 144

10 高海拔地区安装工程施工 ·· 148
  10.1 常规安装新技术 ·· 148
  10.2 消防新技术 ·· 150
  10.3 通风空调新技术 ·· 151
  10.4 铁皮风管防火加强包裹施工 ·································· 152
  10.5 聚丙烯（PP）排水管施工 ···································· 157

11 高海拔地区绿色施工 ··· 161
  11.1 大面积绿化施工 ·· 161
  11.2 风光互补供电技术 ··· 163
  11.3 太阳能集中供暖技术 ·· 167
  11.4 自限温电拌热防冻技术 ······································· 168
  11.5 智能控制自动供水技术 ······································· 170
  11.6 SBR 污水处理技术 ··· 172

12 高海拔地区冬期施工 ··· 176

13 高海拔地区职业健康管理 ··· 182
  13.1 高原施工医疗卫生保障和高原职业病的诊断分析
     防范 ·· 182
  13.2 鼠疫、病媒措施 ·· 184

1 高海拔地区地基基础施工

1.1 冻土区地基施工

1.1.1 总则

1. 为规范高海拔冻土地区地基施工,做到技术先进、安全适用、经济合理、确保质量,制定本指南。

2. 本指南适用于一般房屋建筑工程、市政公用工程、公路工程、铁路工程的冻土区地基施工。

3. 冻土地区地基施工除应符合本指南外,尚应符合国家现行有关标准的规定。

1.1.2 术语

1. 冻土地基:埋藏在冻土层里的地基被称为冻土地基。冻土层分季节冻土和多年冻土两种。

2. 冻胀:土冻结过程中,土中水分(包括外界向冰锋面迁移的水分及空隙中原有的部分水分)冻结成冰,形成冰层、冰透镜体、多晶体冰晶等形式的冰侵入体,引起土颗粒的相对移动,使土体产生不同程度的扩张现象。

3. 融沉变形:融沉又称热融沉陷,是指土中过剩冰融化所产生水的排除以及土在融化固结过程中局部地面的向下运动。

4. 保持冻结法:始终保持地基处于冻结状态的设计方法。

5. 允许融化法:利用正在融化或融化后的土作为地基的设计方法。

1.1.3 基本原理及适用范围

1. 当冻土厚度较大,土温比较稳定,或者是坚硬的和融陷性很大的冻土,采用保持冻结法比较合理,通过采取隔热措施,保证基础周围冻土地基温度不比天然状态高。保持冻结状态的设计宜用于下列情况:

(1)多年冻土的年平均地温低于 $-1.0\ ℃$ 的地基;

(2)持力层范围内的地基土处于坚硬的冻结状态;

(3)最大融化深度范围内,存在融沉、强融沉、融陷性土及其夹层的地基。

2. 当上部结构刚度较好或对不均匀沉降不敏感的结构物,按允许融化原则进行设计。允许融化状态的设计宜用于下列情况:

(1)多年冻土的年平均地温为 $-0.5\ ℃ \sim 1.0\ ℃$ 的场地;

(2)持力层范围的地基土处于塑性冻结状态;

(3)在最大融化深度范围内,地基土为不融沉和弱融沉性土。

1.1.4 技术工艺

1. 季节性冻土的冻胀、融沉处理措施主要削弱冻胀、水分含量和温度对地基土工程力学性质的影响来达到防治冻害的目的。

2. 处理季节性冻土可以采用换填法、物理化学法、保温法。

3. 多年冻土除了考虑常规的地基变形外,还应关注与温度密切相关的有效应力和温度分布。

4. 多年冻土的地基处理根据上部建筑结构、施工条件和地基土性质,采用维持冻土、逐渐融化和主动融化三种原则来考虑工程措施。

1.1.5 注意事项

1. 当存在冻土地基时,基础的埋置深度应大于地基土的标准冻结深度,并采取消减冻胀力的措施。

2. 冻土区地基施工前应做试验段，对设计进行验证并取得相关施工参数。

1.2 高海拔地区盐渍土路基施工

1.2.1 总　　则

1. 为规范高海拔地区盐渍土路基施工，做到技术先进、安全适用、经济合理、确保质量，制定本指南。
2. 本指南适用于一般市政公用工程、公路工程、铁路工程的盐渍土路基施工。
3. 盐渍土路基施工除应符合本指南外，尚应符合国家现行有关标准的规定。

1.2.2 术　　语

盐渍土：在深 1 m 的地表土层内，易溶盐含量大于 0.3% 的土。盐渍土易遭溶蚀而产生湿陷、坍塌等病害，但在干燥条件下，氯盐却可起粘固作用。

1.2.3 基本原理及适用范围

1. 用盐渍土作路基填料，其含盐量应在容许范围之内。
2. 路基排水系统应保证排水通畅，以避免路基附近出现积水现象。路基应有足够的高度，以避免冻胀、翻浆和再盐渍化。

1.2.4 技术工艺

1. 在盐渍土地区筑路，应尽可能地考虑当地盐渍土的水盐状态特点，力求在土的含水率接近于最佳含水率的时期不发生冻结，也不在积水季节进行施工。
2. 当地下水位高，对黏性土的盐渍土地区，以夏季施工为宜；对于不冻结的土，可以考虑冬季施工。盐渍土路基的处理宜在干旱季节进行。

3. 当盐渍土的允许含盐量符合相关技术规范要求时,盐渍土路堤应分层填筑、分层碾压。对于黏质盐渍土,每层松铺厚度不大于 20 cm;对于砂类盐渍土,每层松铺厚度不得大于 30 cm。

4. 盐渍土路基的施工应分段一次完成。自清除基底含盐量较大的表土开始,连续施工,一次做到路床设计标高。

5. 当盐渍土含盐量超过相关规范的规定时应换填渗水性土,当基底含水率超过液限的土层厚度在 1 m 以内时,必须全部换填渗水性土,并应在路堤下部设置封闭隔水层。

6. 无合适填料,需用易溶盐含量特大的土、砂砾时,应根据当地气候、水文地质情况,通过试验决定。

7. 施工时应首先做好排水系统,不应使路基及其附近有积水。无论是填筑黏性土或换填渗水性土,其压实度均应符合土方路基压实度标准。

8. 盐渍土地段用土工布作为隔水层时,土工布应无破损、无老化、无污染,上、下层接缝应错开。

1.2.5 注意事项

1. 通过盐渍土地区的路线应尽可能避开易遭洪水冲淹的低洼地区以及经常潮湿或积水的强盐渍土地带。

2. 盐渍土路基施工前应做试验段,对设计进行验证并取得相关施工参数。

1.3 高原地区风沙地基的防治与施工

1.3.1 总 则

1. 为规范高原地区风沙地基施工,做到技术先进、安全适用、经济合理、确保质量,制定本指南。

2. 本指南适用于公路工程、铁路工程的风沙路基施工。

3. 风沙地基施工除应符合本指南外,尚应符合国家现行有关标准的规定。

1.3.2 术　　语

1. 沙埋:风沙流通过路基时,由于风速减弱,导致沙粒沉落,堆积掩埋路基或由于沙丘移动上路而掩埋路基。
2. 风蚀:在风沙的直接冲击下,路基上的沙粒或土颗粒被风吹走,出现路基削低、掏空和坍塌等现象,从而引起路基宽度和高度的减小。

1.3.3 适用范围

风沙路基的防治主要是避免风沙对路基产生沙埋或风蚀作用。

1.3.4 技术工艺

1. 风沙地区路基施工宜在风速较小或有雨季节分段集中施工,并在大风来临之前配套完成。施工中应采取措施保护线路两侧防护范围内原有的地表植被和硬壳。当施工使其受损时,应按设计要求设置防护。
2. 路堤应随摊铺随压实,每次施工的未完成部分应结合气象、风沙流动情况作出必要的临时防护。
3. 路基本体防护可采用卵(碎)石、黏土、草皮、水泥胶砂板或沥青胶砂板,喷洒沥青乳液或盐卤水等。
4. 路基两侧防护可采用重型材料覆盖沙面、沥青乳胶固沙、草方格沙障、卵(碎)石花格沙障、黏土方格沙障等。
5. 路肩和边坡的防护层应随路基填筑、开挖一次做完。
6. 固沙、阻沙设施应随路基主体工程及时配套完成。

1.3.5 注意事项

风沙地基施工前应做试验段,对设计进行验证并取得相关施工参数。

1.4 砂土地区钻孔灌注桩后注浆施工

1.4.1 总　　则

1. 本技术指南的制定是为了加强灌注桩后注浆施工的过程控制,保证安全生产和工程质量。

2. 本技术指南适用于西北砂土地区建筑工程、市政工程、路桥工程的灌注桩后注浆施工。

3. 灌注桩后注浆施工除参考本技术指南外,尚应符合现行的国家、行业和地方有关标准的规定。

1.4.2 术　　语

1. 渗透注浆:属于偏适应性注浆,是在不足以破坏土体结构的压力(即不产生水泥劈裂)下,把浆液注入粒状土的孔隙中,从而取代、排除其中的空气和水。

2. 压密注浆:一种半适应性半强制性注浆,其特点是通过注浆对砂土和黏土中孔隙等软弱部位起到压密作用。压密注浆在注浆处形成球形浆泡,浆体的扩散靠对周围土体的压缩。

3. 劈裂注浆:属于偏强制性注浆,是通过较高压力使浆体产生扩充,当液体压力超过劈裂压力(渗透注浆和压密注浆的极限压力)时,土体产生水力劈裂,也就是在土体内突然出现裂缝,于是吃浆量突然增加,克服土体初始应力和抗拉强度,在钻孔附近形成网状浆脉,通过浆脉挤压土体和浆脉的骨架作用加固土体。

4. 闭式注浆:将预制的弹性良好的腔体(又称注浆胶囊)随钢筋笼放入孔底,成桩后通过压力注浆使弹性腔体逐渐扩张、挤密沉渣和桩端土层来提高桩的承载能力。

5. 开式注浆：把浆液通过注浆管直接注入桩端或需要加固补强的位置，浆液与桩端沉渣周围土体呈混合状态，呈现出渗透、填充、压密、劈裂、固结等效应，以提高桩的承载能力。

6. 单桩竖向极限承载力：单桩在竖向荷载作用下到达破坏状态前或出现不适于继续承载的变形时所对应的最大荷载，它取决于土对桩的支承阻力和桩身承载力。

1.4.3 基本原理及适用范围

灌注桩在成桩后一定时间内，由预设于桩身内的注浆导管及与之相连的桩端、桩侧注浆阀通过高压注浆泵注入一定压力的水泥浆，通过浆液对桩端沉渣和桩端持力层及桩周泥土起到渗透、填充、压密、劈裂、固结等作用来增强桩端土和桩侧土的强度，从而提高单桩承载力、减少沉降量的一项技术措施。此技术适用于砂土地区，主要用于提高桩基承载力。

1.4.4 技术工艺

1. 工艺流程

灌注桩后注浆施工工艺流程如图1-1所示。

2. 操作要点

（1）注浆钢导管埋设应竖直，应与钢筋笼加劲筋绑扎固定或焊接，且与钢筋笼一起下孔；每下一节钢筋笼时，应在注浆管内灌水并检查接头密封性，以免泥浆或混凝土进入注浆管导致堵管；注浆管应通向自然地坪且临时封闭，桩身空孔部分的注浆管不宜设置接头。

（2）注浆钢导管可用丝扣连接或外架短套管电焊，连接应紧密且不应焊穿钢管或漏焊，以免漏浆。

（3）后注浆钢导管注浆后可等效替代纵向主筋。

（4）注浆头的制作主要有打孔包扎法、单向阀法、U形管法等。

打孔包扎注浆头制作是将钢管的底端砸成尖形开口,钢管底端40 cm左右打上4排每排4个ϕ8小孔,然后在每个小孔中放上图钉(单向阀作用),再用绝缘胶布外加硬包装带缠绕包裹,以防小孔被浇桩的混凝土堵塞。

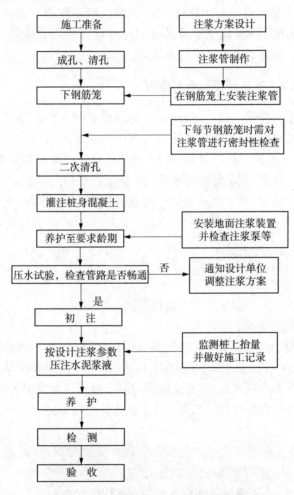

图1-1 灌注桩后注浆施工工艺流程图

（5）后注浆阀应具备下列性能：

①注浆阀应能承受 1 MPa 以上静水压力；注浆阀外部保护层应能抵抗砂石等硬质物的刮撞而不致使注浆阀受损。

②注浆阀应具备逆止功能。

（6）压水试验宜按 2～3 级压力顺次逐级进行，并有一定的压水时间与压水量。压水量一般为 0.6 m^3，开塞压力一般小于 8 MPa。压水试验后应立即初注。

（7）初注时一般压力较小，浆液宜由稀到稠，并注意注浆节奏。

（8）从桩位平面图上，灌注桩后注浆顺序应针对上部结构的整体性、地质条件、设计要求及施工工艺综合确定：

①宜将全部注浆桩根据集中程度划分为若干区块，各区块内桩距相对集中，区块之间距离宜大于区块内最小桩距的 2 倍。

②区块内的灌注桩后注浆，宜采用先周边后中间的顺序注浆；对周边桩应按对称、有间隔的原则依次注浆，直到中心桩。

（9）当采用 U 形管注浆时，宜按下列工艺循环注浆：

①注浆次序及注浆量分配

a. 注浆分三次循环；

b. 每一循环的注浆管采用均匀间隔跳压；

c. 注浆量分配按第一循环 50%，第二循环 30%，第三循环 20%；

d. 若发生管路堵塞，按每一循环应按比例重新分配注浆量。

②注浆时间及压力控制

a. 第一循环：每根注浆管压完后，用清水冲洗管路，间隔时间不少于 2.5 h，不超过 3 h 或水泥浆初凝时间进行第二循环；

b. 第二循环：每根注浆管压完后，用清水冲洗管路，间隔时间不少于 3.5 h，不超过 6 h 进行第三循环；

c. 第一循环和第二循环主要考虑注浆量；

d. 第三循环以压力控制为主。

（10）注浆作业时，流量宜控制在 30～50 L/min，且不宜超过

75 L/min，并根据设计注浆量进行调整，注浆量较小时可取小值。

(11) 后注浆作业还应符合下列规定：

①注浆作业宜于成桩3 d后开始，也不宜迟于成桩30 d后；划分若干注浆区块的，可于最后一根桩成桩5~7 d后开始注浆作业。

②注浆作业点与成孔作业点的距离不宜小于8~10 m，且不宜小于10倍桩径。

③当采用桩端桩侧复式注浆时，应先桩侧后桩端；多断面桩侧注浆时，应先上后下，以避免下部浆液沿桩周土界面上窜而冒浆。

④桩侧桩端注浆间隔时间不宜少于3 h，以保证上部注浆体达到一定的初凝强度。

⑤桩端注浆应对同一根桩的各注浆导管依次实施等量注浆。

(12) 后注浆施工过程中，应经常对后注浆的各项工艺参数进行检查，发现异常应采取相应处理措施。当注浆量等主要参数达不到设计值时，应根据工程具体情况采取相应措施。

①当有注浆管的注浆量达不到设计要求而注浆压力值很高无法注浆时，其未注入的水泥量应由其余注浆管均匀分配压入。

②如果出现注浆压力长时间低于正常值、地面冒浆或周围桩孔串浆，应改为间歇注浆或调低浆液水灰比，间歇时间不宜过长，宜为30~60 min，间歇时间过长会导致管内水泥凝结而堵管。当间歇时间很长时，可向管内压入清水冲洗管道和桩端注浆装置。

③当上述措施仍不能满足设计要求，或因其他原因堵塞、碰坏注浆管无法进行注浆时，可采用在离桩侧壁20~30 cm位置打ϕ150小孔作引孔，重新埋置注浆管。如果有声测管，可钻通声测管作为注浆管，进行补注浆，直至注浆量满足设计要求，此时补注后的注浆量应大于设计注浆量。

1.4.5 注意事项

1. 施工过程的安全和环境保护应符合《建筑施工安全检查标

准》(JGJ 59—2011)、《建筑工程施工现场环境与卫生标准》(JGJ 146—2013)的有关规定。

2. 施工机械的使用应符合《建筑机械使用安全技术规程》(JGJ 33—2012)的规定。

3. 施工临时用电应符合《施工现场临时用电安全技术规范》(JGJ 46—2005)的规定。

4. 注浆作业施工区应设立警示牌,以防高压浆液造成人员伤害。施工人员作业时应采取相应的防护措施,并保持安全距离。

5. 废土、渣土及废泥浆应及时外运。外运车辆应为密封车或有遮盖的自卸车,车辆及车胎应保持干净,不粘带泥块等杂物,防止污染道路。

6. 渣土、废泥浆的处置还应符合省、市相关部门的规定。

7. 施工现场应设置排水系统。排水系统严禁与泥浆系统串联,严禁向排水系统排放废浆料。排水沟的废水应经沉淀过滤达到标准后,方可排入市政排水管网。

8. 施工现场出入口处应设置冲洗设施、污水池和排水沟,由专人对进出车辆进行清洗保洁。

9. 后注浆作业应按《建筑施工场界环境噪声排放标准》(GB 12523—2011)的规定,在施工期间严格控制噪声。

10. 夜间施工应办理相关手续,并应采取措施减少声、光的不利影响。

1.5 高原地区外包布袋混凝土施工

1.5.1 总 则

1. 本技术适用于有防腐要求的混凝土桩施工,尤其是在高原盐渍土地基中。

2. HCPE防腐涂料采用浸涂,施工简便。防腐土工布袋采用工厂化加工,质量有保障,布袋起到二次阻隔腐蚀的作用。施工方法可以有效保护桩身耐久性能,保证结构安全。

1.5.2 术　　语

1. 高性能混凝土:具有混凝土结构所要求的各项力学性能,且具有高耐久性、高工作性和高体积稳定性的混凝土。
2. 盐渍土:盐土和碱土以及各种盐化、碱化土壤的总称。
3. HCPE 防腐涂料:高氯化聚乙烯树脂、改性树脂、颜料、体质颜料、助剂、有机溶剂组成具有良好防腐作用的涂料。
4. 裹体法:从外部包裹,起到阻离、阻止、杜绝接触的作用。

1.5.3 基本原理

1. 高性能混凝土起到"内增"的作用,即采用耐久性混凝土来增加桩自身的抗腐蚀性。同时在钢筋外侧涂刷 HCPE 防腐涂料来保证防腐效果。
2. 土工复合材料具有高抗渗防水、高强度、耐磨损、抗腐蚀性、寿命长等特性,施工时利用"裹体法"对桩体混凝土外部包裹,可以有效隔离盐渍土与桩身混凝土接触,从而解决了腐蚀性土壤对桩体混凝土材料的化学破坏。

1.5.4 技术工艺

1. 工艺流程

外包布袋混凝土施工工艺流程如图 1-2 所示,施工步骤示意如图 1-3 所示。

2. 操作要点

(1)施工准备

在钻孔施工前先平整施工场地,通过控制网及设计坐标放出桩位。经复测复核确认无误后,放出桩基的十字控制线引孔埋设护筒。

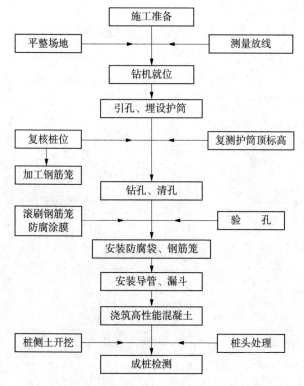

图 1-2 外包布袋混凝土施工工艺流程图

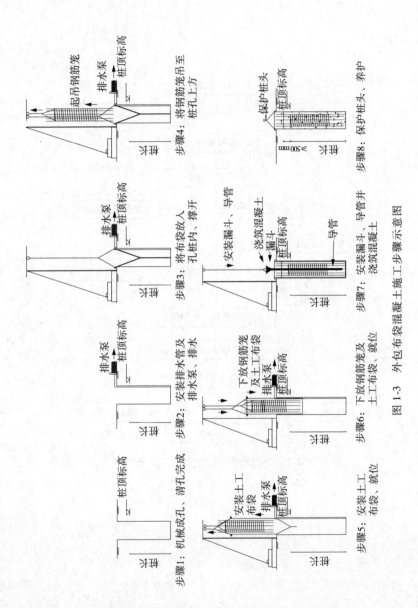

图 1-3 外包布袋混凝土施工步骤示意图

(2)钻机就位、引孔、埋设护筒

钻机就位、引孔、埋设护筒,护筒顶面高出施工地面0.3~0.5 m。埋设护筒后,用测量仪器复核桩位并测量护筒顶标高。

(3)钻孔、清孔

在钻进过程中应检查钻杆垂直度,防止出现斜孔;钻孔作业保持连续进行,不中断。当钻孔距设计标高1.0 m时,注意控制钻进速度和深度,防止超钻,并核实地质资料,判定是否进入要求的持力层。当钻孔深度达到设计要求时,对孔深、孔径和孔形等进行检查,经检查合格后,将钻头放入孔底扫孔,捞去沉渣,确定沉渣达到设计要求后方可提钻。

若成孔之后发现为湿孔,则应安放排水泵进行排水。

(4)滚刷钢筋笼防腐涂膜(图1-4)

按设计图纸加工制作好钢筋笼,验收合格后,进行防腐涂膜滚刷。考虑防腐涂料易渗漏、流失,采用4 mm厚钢板制作涂膜浸涂施工槽。利用塔吊将已制作完成的钢筋笼水平吊起,保持钢筋笼处于水平状态,钢筋挂钩挂在主筋与加强钢筋焊接位置处,避免对箍筋造成变形及破坏。将钢筋笼吊起后放入HCPE防腐涂料槽内,静置5~10 s,再次吊起滚动,让钢筋笼整体被防腐涂料充分浸泡。施工过程中,不得将钢筋笼调离出涂膜施工槽。依次慢慢吊起、滚动,直至将整个钢筋笼全部被防腐涂料充分浸泡。已充分浸泡防腐涂料的钢筋笼慢慢吊起,在防腐涂料施工槽上方静置2~3 min,待钢筋笼底部无明显流坠现象时,将钢筋笼吊离涂膜施工槽,缓慢放置于钢筋笼堆放区晾干。

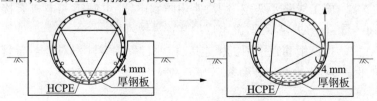

图1-4 防腐涂膜施工示意图

滚涂 HCPE 防腐涂膜后,静置在钢筋笼堆放场 20 min 后,即可进行钢筋防腐涂膜的厚度检验,涂膜厚度达到 200 μm 以上方可使用,否则要重新进行涂刷。长时间不进行涂膜施工时,应对槽体进行覆盖。

(5)安装防腐袋、钢筋笼

焊制安放布袋的座架,座架边上焊钢筋桩,成孔后及时将座架安放到桩孔处,整平。

将袋口部均分成片,每片均钻一小孔。布袋座架安放到位之后将布袋放入桩孔,袋口通过每片布袋上的小孔挂在座架的钢筋桩上。布袋安放到位之后,起吊钢筋笼,钢筋笼底部钢筋头采取有效措施防止戳破布袋。将钢筋笼垂直吊至布袋处,然后徐徐起吊布袋,直至钢筋笼底部钢筋接触布袋底部。最后同时下放钢筋笼和布袋至桩孔。

(6)安装导管、漏斗

钢筋笼调整就位以后,安装导管、漏斗准备进行混凝土浇筑作业。

(7)混凝土浇筑

采用水下混凝土浇筑的方式进行混凝土浇筑。混凝土浇筑完成后,将长余布袋收口绑扎以保护桩头。

1.5.5 注意事项

1. 所有材料必须附有说明书、合格证、技术检验证等质量证件。

2. 施工线路要架空设置,使用防水电线,电闸箱和电机有接地装置,有防护警示牌,漏电保护装置灵敏可靠。

3. 桩身钢筋宜采用机械连接,作业过程中需注意对外包布袋的保护,防止钢筋划破布袋。

1.6　高海拔地区人工挖孔桩施工

1.6.1　总　　则

1. 本技术指南的制定是为了加强高海拔地区人工挖孔桩施工的过程控制,保证安全生产和工程质量。
2. 本技术指南适用于高海拔地区建筑工程、市政工程、路桥工程的人工挖孔桩施工。
3. 高海拔地区人工挖孔桩施工除参考本技术指南外,尚应符合现行的国家、行业和地方有关标准的规定。

1.6.2　术　　语

人工挖孔灌注桩:桩孔采用人工挖掘方法进行成孔,然后安放钢筋笼,浇筑混凝土而成的桩。

1.6.3　基本原理及适用范围

1. 基本原理

人工挖孔桩施工方便、速度较快、不需要大型机械设备,挖孔桩要比混凝土打入桩抗震能力强,造价比冲锥冲孔、冲击锥冲孔、冲击钻机冲孔、回旋钻机钻孔、沉井基础节省,从而在公路、民用建筑中得到广泛应用。但挖孔桩井下作业条件差、环境恶劣、劳动强度大,因此安全和质量显得尤为重要。

2. 适用范围

人工挖孔桩适用于桩直径 800 mm 以上,无地下水或地下水较少的黏土、粉质黏土,含少量砂、砂卵石、砾石的黏土层,适用于多层建筑、高层建筑、公共建筑、支挡结构以及环境复杂无法机械成孔等。对有流砂,地下水位较高,涌水量大的冲积地带及近代沉积的含水率高的淤泥、淤泥质土层不宜使用。桩孔深度按《建筑桩基技术规范》(JGJ 94—2008)的规定,不宜超过 30 m,人工挖孔桩深度一般 6~20 m 左右。当桩净距小于 2.5 m 时,应采用间隔开挖,相邻排桩跳挖的最小施工净距不得小于 4.5 m。

当桩径较大、扩大头较大、桩孔较深等易出事故的孔桩,采用人工挖孔桩应慎重。施工前应进行人工挖孔桩施工方案的评审工作,并做好应对准备。

1.6.4 技术工艺

1. 施工工艺

放线定桩位→开挖第一节桩孔土方→扎护壁钢筋并验收→支模板并校正→浇筑孔口护壁混凝土→架设垂直运输架→开挖吊运第二节桩孔土方(修边)→扎第二节护壁钢筋并验收→支模板并校正→浇筑第二节护壁混凝土→逐层往下循环作业→挖至扩大头上部地勘验槽确认持力层→往下扩孔→开挖锅底部分→终孔检查验收→封底→量测孔深→制作钢筋笼并验收→吊放钢筋笼(校正)→放混凝土溜筒(导管)→浇筑桩身混凝土(随浇随振)→收面→破除护壁→凿桩头→桩检测。

2. 施工方法

(1) 放线定桩位及高程

依据建筑物测量控制网的资料和基础平面布置图,测定桩位轴线方格控制网和高程基准点。确定好桩位中心,以中点为圆心,以桩身半径加护壁厚度为半径画圆周,做混凝土护圈,混凝土等级同护壁混凝土等级,混凝土护圈高出周围地面 100 mm,标识好轴线、标高及桩中线,经相关单位及人员复查验线,办好手续后开挖。

(2) 孔桩开挖作业(图 1-5)

①施工前清除桩位杂物,平整场地,挖孔顺序依据土质、桩孔布置形状及工程进度而定。井口在高出地面 100 mm 处设护圈防止杂物及地表水流入孔内,每孔均设防雨棚,便于雨天作业,出土采用人工,用人力将土石提运至孔边 1 m 以外,土石集中于现场临时堆放场,最后集中外运。

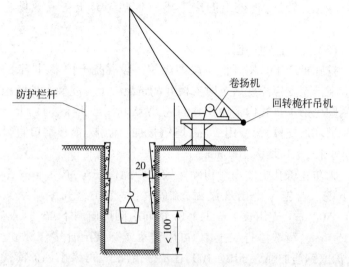

图 1-5 人工开挖示意图(单位:mm)

②挖土由人工从上到下逐层用镐、锹进行,遇坚硬土层或岩石用锤、钎破碎和风镐开挖,挖土次序为先中间后周边,按设计桩直径控制开挖截面,弃土装入吊桶内。少量地下水采取随吊桶将泥水一起吊出,大量涌水采用孔底设集水井用潜污泵抽出。每节开挖的高度为每天 1 m,每节必须及时做混凝土护壁,严禁只下挖不护壁的危险做法。

③检查桩位(中心)轴线及标高:每节桩孔护壁做好以后,必须将桩位十字轴线和标高测设在护壁的上口,然后用十字线对中,吊线坠向井底投射,以半径尺杆检查孔壁的垂直平整度,随之进行修整,井深必须以基准点为依据,逐根进行引测,保证桩孔轴线位置、标高、截面尺寸满足设计要求。

④架设垂直运输架:第一节桩孔成孔以后,即着手在孔桩上口架设垂直运输支架。可以采用电动提升设备,钢丝直径不小于 6 mm,抗拉强度不小于 140 kg/mm²。

⑤土方转运：将挖出的废弃土方运转至弃土场或现场临时存放。

(3)混凝土护壁施工

挖孔桩施工采用开挖一段即浇筑一段混凝土护壁，护壁的施工应在挖至支模深度后及时支模并浇筑混凝土。混凝土护壁施工采用圆台形工具式内钢模拼装而成，模板间用U形卡连接，上下各设一道环形支撑，模板用2 mm厚钢板加工制成，模板下口直径按设计桩径，上口增大100 mm。

为防止桩孔土体塌滑和确保施工中操作安全，按1 m一节垂直下挖。若施工中出现淤泥、流砂时，每节护壁高度可缩减至300~500 mm，先用长1 m的$\phi 16$钢筋沿圆周向斜下45°打入，间距150 mm，用铁锤打入土中，再用稻草或麻袋配合堵住流砂、淤泥，护壁钢筋加强为$\phi 10@100$，在特殊情况下，可采用钢护筒代替模板施工。并提高混凝土标号或加入早强剂，使混凝土早期强度较高，组织快速施工。随挖随验随浇混凝土，视情况采取有效措施对护壁做临时支撑，确保施工安全。

(4)钢筋笼制作和安装

根据各桩成孔深度加工钢筋笼。对于直径2 m以下的桩身钢筋笼采用孔外绑扎，然后采用汽车吊放至桩内；汽车吊吊不到的地方采取孔内绑扎钢筋笼的方式。钢筋笼主筋采用搭接焊，搭接长度$10d$，接头错开$35d$(d为钢筋直径)，同一截面接头百分率不大于50%；箍筋采用绑扎搭接，绑扎搭接时应将箍筋弯钩勾住桩的纵筋，且搭接长度不少于$40d$。加强箍筋采用焊接，并与纵筋焊牢。钢筋笼外侧需设混凝土垫块或采取其他有效措施，以保证钢筋保护层厚度的准确性，桩身主筋的混凝土保护层须符合实际要求。

(5)混凝土灌注

检查成孔质量合格后应尽快浇筑混凝土。若孔底水量不大，混凝土坍落度控制在(160 ± 20) mm，当孔桩较深(出料口距孔底高度大于2 m)时设置的串筒下料至孔底，串筒底端出料口距混凝土浇筑面不超过1 m,防止产生混凝土离析现象,浇筑过程中每浇筑2 m高度,采用长振动棒或者人员下孔振捣,保证桩身混凝土密实,干孔浇筑桩身混凝土应超灌20 mm,待桩身混凝土强度达到设计强度时,人工剔除护臂和桩头浮浆。对桩内渗水量较大水泵无法抽干的孔桩,桩身混凝土浇筑可采用水下混凝土浇筑工艺,混凝土坍落度控制在(200 ± 20) mm,桩身混凝土超灌500 mm,待桩身混凝土强度达到设计强度时,人工剔除护臂和桩头松散混凝土。桩身混凝土留试件,每根桩不得少于1组,每组3件。

(6)挖孔桩终孔验收

挖孔桩终孔验收包括两部分:验岩样和验终孔。步骤如下:

①当挖孔桩终孔时,施工单位要先进行自检,自检确实达到设计规定的桩端持力岩层,桩型(包括扩大头)符合要求,桩底沉渣清理干净,孔内水抽干净后,再及时通知监理,并提交验收申请。监理同意后组织质检、设计、勘察、业主、施工单位到现场进行终孔验收。

②验收前要做好充分的准备,具体有:

a. 将要验收的桩制成表格(包括:桩号、设计及实际的桩长、桩径、桩行、持力层、入持力层深度等),事先交给参加验收的有关人员,让他们先熟悉所要验收的桩的基本情况。

b. 将要验收的桩用油漆按1,2,3…的顺序编号,明确验收顺序,以及挖孔桩提升设备(验收人员上下用)移动线路。若人员较多时可分组进行验收,一般一个组有5~6人(质检、设计、勘察、业主、监理各1人)。

c. 验收需配备如下设备和工具:空压机和送风管(井内送风)、低压电灯(照明)、挖孔桩提升设备和吊笼(验收人员上下用)、钢卷尺(量桩径、桩行、入岩深度等)、铁锤(采岩样、判断岩性)。

d. 验收前将井底水抽干净。

③验收

有关人员进入孔下,通过查看、测量等方法,并将数据填入表内,然后在室内汇总,填写验收结论。不符合要求的提出整改要求,施工单位按整改要求进行整改,合格后再提交验收申请。

(7)成桩质量检测

工程桩施工完后应采用可靠的检测方法进行桩身质量及单桩承载力检测,检测满足设计要求后方可进行下一道工序施工。

①桩身完整性验收检测。采用低应变法进行桩身完整性检测,抽检数量为100%。同时,采用声波透射法对部分桩进行桩身完整性检测,抽检数量不小于10%。

②桩身承载力检测。对在同一条件下的工程桩,应采用高应变进行单桩竖向抗压承载力验收检测,抽检数量不应少于总桩数的5%,且不少于5根。

③工程桩的检测方法、数量应按《建筑基桩检测技术规范》(JGJ 106—2014)和《建筑桩基技术规范》(JGJ 94—2008)的规定执行。

1.6.5 注意事项

1. 用电安全

(1)现场施工用电采用 TN-S 系统,井下施工照明采用12 V 低压电,并在用电区域内严格接地、接零和安装漏电保护器,各开挖孔分闸用电。施工区内电线电缆要具有良好的绝缘性,并严禁拖地埋地,防止磨损。每一桩孔配一个配电箱,箱内设一机一闸一漏保,严禁一闸多用和一闸多孔,孔上电线电缆必须架空,严禁拖地或埋压土中,孔内电缆、电线必须完好无损,并有防磨防潮防断等措施,孔内作业照明应采用安全或低压防水灯。

(2)孔内抽水时,须在作业人员上地面后进行,抽干后断开电源方准下孔施工,严禁边抽水边施工。

2. 预防坠落措施

由于挖孔桩的工作面小,因此任何物体坠落都可能产生严重后果,须采取有效的防护措施,如图1-6所示。

图1-6 预防坠落措施

(1)每孔作业人员不少于3人,要明确分工,各负其责,即井上施工人员对该井负完全责任,监督井上不得有任何物料下坠。

(2)井上设安全栏杆,安全栏杆沿井上口竖向设置,高约1 m,防止杂物甚至人员失足掉下,桩孔第一节护壁比地面高出20 cm以上,防止地面水回流入桩井内。

(3)井下设安全防护罩,安全防护罩为半圆面积的钢筋网,随着掘进工作的深入,网罩不断下移以保持离工作面约2 m的高度为宜。

(4)井口2 m范围内严禁堆放杂物,如有杂物要及时清理。

(5)吊桶上下井时要扶正、固稳,并在摆动不大的情况下起吊垂直下放,吊桶钩的保险装置必须完好、牢固,吊桶内不准装得过满。

(6)在孔内上下递物和工具时,严禁抛掷和下丢,必须严格用吊绳系牢。

3.预防窒息、中毒措施

由于挖孔桩井下的地质情况千变万化,错综复杂,必须小心处理。

(1)挖孔桩掘进3 m后,坚持挖孔作业排水送风先行,每次下井作业必须先鼓风通气15 min后方可进行,必须坚持先向井下强力送风后下井操作的制度,通风量不少于25 L/s,出风口距离操作人员应不大于2 m,通风过程中应该戴防毒气口罩。必要时施工送风同时进行,施工时不断向孔内输送新鲜空气。

(2)每次下井前,必须采取检验措施(如气体检测仪、快速检测管、动物试验、食品检测)证明无害后方能下井施工。凡一次检测有毒气体含量超过容许值时($CO < 15$ mg/m^3,$SO_2 < 10$ mg/m^3,$H_2S < 10$ mg/m^3)应立即停止作业,进行排毒。

4. 护臂施工安全措施

采用现浇钢筋混凝土及混凝土护壁时,每挖一段应护壁一段,不得在上一挖段没有护壁的情况下就开挖下一段,以保证井下施工人员的安全。当发现护壁有蜂窝时应及时补强,严重时返工重来,以防造成事故。

5. 土方开挖安全措施

当地质条件发生变化,如土层松散、孔内有块石以及地下水较丰富时,施工应采取下列措施:

(1)护壁加筋支护,填实空洞,振捣密实,使上下护壁连成一整体。若护壁渗漏水,采用专用堵漏灵及时堵漏补强。

(2)在开挖深度不大的施工阶段,孔内应设应急软爬梯,爬梯的吊挂必须牢固、稳定,不得脚踏井壁上下;当开挖深度逐渐加深时,作业人员通过牢固绑扎在孔口卷扬机上的安全绳上下桩孔。作业人员在施工过程中,通过孔口外与桩孔开挖处设置连通的铃铛作为地上地下信息交流的工具,用于作业人员上下桩孔和清理孔渣。

(3)卷扬机等提升设备、工具应配有保险装置,使用前必须检验其起吊、承载能力和完好情况。禁止使用表面毛刺、生锈及断裂的钢丝绳,钢丝绳的直径在4.5 mm以上。人员上下走施工爬梯。挖孔工人必须配有安全帽、安全绳,必要时应搭设掩体。提取土渣的料斗、吊钩、钢丝绳、卷扬机等机具,应经常检查,确保性能可靠

2 高海拔地区支护技术

2.1 预应力锚杆

2.1.1 总　则

1. 为规范高原地区预应力锚杆施工,做到技术先进、安全适用、经济合理、确保质量,制定本指南。
2. 本技术适用于高原地区岩质边坡、土质边坡、岩石基坑边坡以及建(构)筑物边坡围护,以及边坡变形严格控制和施工期稳定性很差时。
3. 预应力锚杆施工除应符合本指南外,尚应符合国家现行有关标准的规定。

2.1.2 术　语

1. 锚固力:锚杆对围岩、土体所产生的约束力称为锚固力。
2. 抗拔力:阻止锚杆从岩体中拔出的力称为抗拔力。
3. 预应力锚杆:由锚头、预应力筋、锚固体组成,利用预应力筋自由段(张拉段)的弹性伸长,对锚杆施加预应力,以提供所需的主动支护拉力的长锚杆称为预应力锚杆。

2.1.3 基本原理及适用范围

1. 预应力锚杆技术是指利用专用土层锚杆施工机械,将其一端与挡土桩、墙连接,另一端锚固在地基的土层中,通过对锚固段灌注高强度等级水泥砂浆,使其锚固段砂浆体达到一定的设计强度,以承受桩、墙的土压力、水压力等水平荷载,利用地层的锚固力维持桩、墙的稳定;锚杆在安装后即在锚杆顶部施加张拉应力,使得锚锭板带动锚固体发生位移趋势,锚固体与周围土体产生抗拔摩阻力,通过锚具与钢台座反作用于混凝土连续墙,对基坑起支护作用。

2. 适用范围:基坑工程的边坡围护和加固岩体的不稳定部位或为结构建立有效支承的工程。

3. 预应力锚杆施工适用范围及勘察、设计、施工、质量验收应符合现行国家标准《岩土锚杆与喷射混凝土支护工程技术规范》(GB 50086)的相关规定。

4. 永久性锚固段不应设置在下列地层中(除永久性冻土层外):有机质土、淤泥质土;液限w_L>50%的土层;相对密实度D_r<0.3的土层。

2.1.4 技术工艺

1. 在黏性土层及高寒冻土中宜采用干作业成孔工艺;在砂、卵石层中宜采用套管法作业,以防塌孔。

2. 预应力锚杆的类型应根据工程要求、锚固地层性态、锚杆极限受拉承载力、不同类型锚杆的工作特征、现场条件及施工方法等综合因素选定。

3. 钻孔方式可根据岩土类型、钻孔直径、深度和地下水情况、锚固工作面的条件、所用的洗孔介质种类以及锚杆种类及要求的钻进速度进行选择。在不稳定土层中,或地层受扰动导致水土流失会危及邻近建筑物或公用设施的稳定时,宜采用套管护壁钻孔。

4. 预应力锚杆材料和部件应满足锚杆设计和稳定性要求且不能产生不良的影响,同时其质量标准及验收标准除专门提出特殊要求外,均应符合现行国家有关标准的规定。

5. 预应力锚杆的防腐保护等级与措施应根据锚杆的设计使用年限及所处地层的腐蚀性程度确定。

6. 锚杆杆体结构组装时,应对各单元锚杆的外露端作出明显的标记;在杆体的组装、存放、搬运过程中,应防止筋体锈蚀、防护体系损伤、泥土或油渍的附着和过大的残余变形。

7. 注浆饱满至孔口返浆为止;注浆量应大于设计计算注浆量,冬季施工时采取保温措施对浆液及锚杆进行保护。

8. 锚杆锚头处的锚固作业应使其满足锚杆预应力的要求;锚杆张拉应有序进行,张拉顺序应防止邻近锚杆的相互影响;张拉用的设备、仪表应事先进行标定。

9. 预应力锚杆施工全过程中,应认真做好锚杆的质量控制检验和试验工作。永久性预应力锚杆及用于重要工程的临时性预应力锚杆,应对其预应力变化进行长期监测。

2.1.5 注意事项

1. 预应力锚杆工程施工前,应根据锚固工程的设计条件、现场地层条件和环境条件,编制出能确保安全及有利于环保的施工组织设计。

2. 施工前应认真检查原材料和施工设备的主要技术性能是否符合设计要求。

3. 在裂隙发育以及富含地下水的岩层中进行锚杆施工时,应进行注浆固结。

4. 注浆完毕应有一定的养护期,养护期内禁止拉拔锚杆,做好成品保护的相关措施。

5. 其他相关事项具体要点详见《岩土锚杆与喷射混凝土支护工程技术规范》(GB 50086)的相关规定。

2.2 复合土钉墙

2.2.1 总　　则

1. 为规范高原地区复合土钉墙施工,充分发挥其支护能力强,具有一定抗冻性,可作超前支护,并兼备支护、截水等优点,同时做到技术先进、安全适用、经济合理、确保质量,制定本指南。

2. 本指南适用于高原地区复合土钉墙施工。

3. 复合土钉墙技术的施工除应符合本指南外,尚应符合国家现行有关标准的规定。

2.2.2 术　　语

1. 土钉墙:由土钉群、被加固的原位土体、钢筋网混凝土面层等构成的基坑支护结构形式。

2. 复合土钉墙:将土钉墙与预应力锚杆、截水帷幕、微型桩结合起来,通过多种组合而形成的复合基坑支护技术。

3. 截水帷幕:沿基坑侧壁连续分布,由水泥土桩相互咬合搭接形成,起隔水、超前支护和提高基坑稳定性作用的壁状结构。

4. 微型桩:沿基坑侧壁断续分布,用于控制基坑变形、提高基坑稳定性的各种小断面竖向构件。

5. 喷射混凝土:利用压缩空气或其他动力,将按一定配比拌制的混凝土混合物沿管路输送至喷头处,以较高速度垂直喷射于受喷面,依赖喷射过程中水泥与骨料的连续撞击,压密而形成的一种混凝土。

2.2.3 基本原理及适用范围

1. 土钉墙由原位土体、设置在土中的土钉、喷射混凝土面层、支护结构组成。通过土钉、墙面、原状土体、支护结构的共同作用,形成以主动制约机制为基础的复合体,具有明显提高边坡土体的结构强度和抗变形能力,减小土体侧向变形,增强整体稳定性的特点。

2. 结合土钉墙的固土作用和支护结构(截水帷幕、微型桩、预应力锚杆)的相关作用,使其具有两种或多种固有特性,同时适应高海拔寒冷地区的气候条件,满足基坑支护的综合性要求。

3. 复合土钉墙施工适用范围及勘察、设计、施工、质量验收应符合现行国家标准《复合土钉墙基坑支护技术规范》(GB 50739)的相关规定,在黏土、粉质黏土、粉土、砂土、碎石土、全风化及强风化岩、夹有局部淤泥质的地层中适用。

2.2.4 技术工艺

1. 综合考虑工程地质与水文地质条件、场地及周边环境限制要求、基坑规模与开挖深度、施工条件等因素的影响,并结合工程经验,选取组合方式,合理设计、精心施工、严格检测和监测。

2. 复合土钉墙施工应根据工程地质条件、水文地质条件、环境条件、施工条件等因素编制专项施工方案和实施检测方案,实行动态设计和信息化施工。

3. 截水帷幕复合土钉墙施工应通过成桩试验确定注浆流量、搅拌头或喷浆头下沉和提升速度、注浆压力等技术参数,必要时应根据试桩参数调整水泥浆的配合比。

4. 微型桩复合土钉墙施工:成孔类微型桩孔内应填充密实,灌注过程中应防止钢管或钢筋笼上浮;桩的接头承载力不应小于母材承载力。

5. 土钉施工:注浆应饱满,注浆量应满足设计要求;土钉施工做好施工记录;可采用钻孔灌浆法施工和击入法施工。

6. 预应力锚杆施工内容详见本章第2.1节"预应力锚杆"。

7. 混凝土面层钢筋网应随土钉分层施工、逐层设置,钢筋保护层厚度不宜小于20 mm,面层喷射混凝土配合比宜通过试验确定,采用湿法喷射和干法喷射,喷射混凝土作业应与挖土协调,分段进行,同一段内喷射顺序应自下而上。

8. 高原防冻的喷射混凝土的临界强度,普通硅酸盐水泥配制的混凝土不得小于设计强度的30%,矿渣水泥配制的混凝土不得小于设计强度的40%。冬施时应采用早强混凝土和综合蓄热保温养护。

9. 冻土区域内采取一定防冻胀变形措施,预留锚杆长度,加强基坑监测,特别是钉头的应力监测,以便及时发现、排除险情;出现险情时可紧贴基坑侧壁堆砌一两层砂袋,既保温防冻又可增加坑壁稳定性;采取草袋覆盖等必要的保温措施。

10. 有基坑截水帷幕的基坑工程,应待截水帷幕施工完成后方可施工坑内降水。遵循"按需降水"的原则,降至设计要求深度。降水井停止使用后及时封堵。

11. 监测预警

(1)监测项目的内力及变形器监测累计值达到报警值。

(2)复合土钉墙或周边土体的位移值突然明显增大或者基坑出现流土、管涌、隆起、陷落或较严重的渗漏等。

(3)土钉、锚杆体系出现断裂、松弛和拔出的迹象。

(4)周边建筑的结构部分、周边地面出现较严重的突发裂缝或危害结构的变形裂缝。

(5)周边管线变形突然明显增长或出现裂缝和泄露。

(6)根据当地工程经验判断,出现其他必须进行危险报警的情况。

2.2.5 注意事项

1. 土方开挖应与土钉、锚杆及降水施工密切结合,开挖顺序、方法应与设计符合;复合土钉墙施工必须符合"超前支护,分层分段,逐层施作,限时封闭,严禁超挖"的要求。

2. 基坑开挖应在截水帷幕或微型桩达到养护龄期和设计规定强度后,再进行基坑开挖;上一层土钉注浆完成后的养护时间应满足设计要求后,再进行下层土方开挖。预应力锚杆应在张拉锁定后,再进行下层开挖;土方开挖后应在 24 h 内完成土钉及喷射混凝土施工,对自稳能力差的土体宜采用二次喷射,喷射应随挖随喷。

3. 土钉墙和锚杆质量检查详见《复合土钉墙基坑支护技术规范》(GB 50739)的相关规定。

4. 截水帷幕(水泥土桩)应在施工前对机械设备工作性能及计量设备进行检查,施工过程中应检查施工状况,检查内容包括桩机垂直度、提升和下沉速度、注浆压力和速度、注浆量、桩长、桩的搭接长度等。水泥土桩应检查桩直径、搭接长度,检验点宜布置在:施工中出现异常情况的桩;地层情况复杂,可能对截水帷幕质量产生影响的桩。

5. 微型桩应在施工过程中检查施工状况,检查内容包括桩机垂直度、桩截面尺寸、桩长、桩距等,同行检验应检查桩身完整性,检查数量为总数的10%,且不少于3根。

6. 土钉墙应在施工过程中对土钉位置,成孔直径、深度及角度,土钉长度,注浆配比、压力及注浆量,墙面厚度及强度,土钉与面板的连接情况,钢筋网的保护层厚度等进行检查。

7. 开挖后发现土层特征与提供的地质报告不符或有重大地质隐患时,应立即停止施工并通知有关各方。

8. 基坑开挖至坑底后应尽快浇筑基础垫层,地下结构完成后,应及时回填土方。

2.3 冻结法施工

2.3.1 总则

1. 为规范高原地区冻结法施工,做到技术先进、安全适用、经济合理、确保质量,制定本指南。

2. 本指南适用于高原地区自然冻结法施工。

3. 高原地区冻结法施工除应符合本指南外,尚应符合国家现行有关标准的规定。

2.3.2 术语

1. 自然冻结:在寒冷地区,利用其天然的气候条件使进行的基坑工程周围土体进行冻结的方法。

2. 季节性冻土:在一定厚度的地表土层中冬季冻结夏季融化,是冻融交替的土,高海拔寒冷地区的冻深较大,最深可达 3 m。

3. 多年冻土:全年保持冻结而不融化,并且延续时间在 3 年或 3 年以上的土。多年冻土的表层往往覆盖着季节性冻土层(或称融冻层),但其融化深度止于多年冻土层的层顶。

4. 融沉:冻土融化时的下沉现象,包括与外荷载无关的融化沉降和与外荷载直接有关的压密沉降。

2.3.3 基本原理及适用范围

1. 高海拔寒冷地区每年有 3 个月及以上属于冬期施工,其冻土层基本冻深为 1.2～3.2 m。冻结法是利用自然条件使地层中的水结冰,将松散含水岩土变成冻土,增加其强度和稳定性,隔绝地下水,以便在冻结壁的保护下进行地下工程掘砌作业。冻结加固是土层的物理加固方法,是一种临时加固技术,当工程需要时冻土可具有岩石般的强度,如不需要加固强度时,又可采取强制解冻技术使其融化。

2. 适用于寒冷地区有一定含水率地层、季节性冻土层等相关可冻融土层中。季节性冻土地区按地基土融化状态设计为大开挖基础。

2.3.4 技术工艺

1. 应根据工程地质、水文地质、气候条件、施工技术装备等因素综合分析,制定施工方案和监测方案。

2. 主要基础型式有适合于冬季施工的装配式基础、锥柱基础,以及冻土地质条件极差、基础负荷大的灌注桩基础。

3. 保持土壤冻结状态,减少人为扰动;做好遮阳防雨措施以保持坑壁的稳定,并采取必要的抽水排水工作;管桩基础桩孔的成型和孔壁稳定。

4. 冻结后基坑开挖基本原则

（1）按保持冻结原则设计的基础，掌握好开挖的时机与时间，在人工开挖的条件下，对厚层地下冰、地表沼泽化或径流量大的地段，基坑开挖尽量在天气较为寒冷的季节施工；若在暖季施工时采取遮阳、防晒措施，选择在气温较低的时段内快速施工。在饱冰冻土、含土冰层地段施工时，可在暖寒季交替期施工，视天气情况采取遮阳和防晒措施，能够保持冻结土的稳定。

（2）基底换填的按设计要求进行换填，设计未要求的，铺设厚不小于30 cm的碎石垫层。对于在暖季施工融化地下水比较多的基坑，需要采取抽水排水措施和护壁措施。

（3）桩基础开挖视地质情况采取人工掏挖和机械旋挖相结合的方式。

5. 混凝土要进行适配，参考《普通混凝土配合比设计规程》（JGJ 55—2011）和本指南第3章相关内容，满足混凝土的相关要求，同时要保护原冻结土的物理性质不发生较大变化，不影响冻结壁的结构性能。

6. 工程监测

根据监测结果，掌握地层的变形量及变形规律，防止施工时对地面周边建筑、地下管线、民用及公共设施带来不良影响，甚至严重破坏。

冻结孔施工监测内容为：基坑冻土层温度、外界气温、基坑变形、冻融沉降、冻结壁表面温度及内部温度等。

对周围环境进行变形监测，内容为：地表沉降监测，沉降位移监测，地面建筑物沉降监测。

2.3.5 注意事项

1. 自然冻结中应防止湿作业冻害的发生，需采取切实有效的监控与保护措施，基坑监测工作应定期进行检查。

2. 在保护自然冻结帷幕的同时，也要实时监控核实作业成品保护对其的影响。

3. 根据监测的测温孔温度计算各个剖面冻结壁的平均温度,对温度偏高的部位,采取保温和遮阳措施,根据监测情况调控冻结壁强度和变形。

4. 加强冻胀与融沉监测,发现冻胀影响建筑物和地下管线时,预留注浆孔,进行跟踪注浆,防止融沉影响周围建筑物和地下管线。

2.4 综合支护

2.4.1 总则

1. 为规范高原地区综合支护技术施工,做到技术先进、安全适用、经济合理、确保质量,制定本指南。

2. 本指南适用于高原地区临时性建筑基坑支护的施工,对湿陷性土、多年冻土、膨胀土、盐渍土等特殊土或岩石基坑,应结合当地工程经验应用本指南。

3. 综合支护技术除应符合本指南外,尚应符合国家现行有关标准的规定。

2.4.2 术语

1. 综合支护:将支挡式结构与加固式结构的两种或两种以上支护形式进行组合应用,根据地质情况和支护深度、周围建筑情况进行选用。

2. 基坑支护:为保护地下主体结构施工和基坑周边环境的安全,对基坑采用的临时性支挡、加固、保护与地下水控制的措施。

3. 支护结构:支挡或加固基坑侧壁的承受荷载的结构。

4. 支挡式结构:以挡土构件和锚杆或支撑为主要构件,或以挡土构件为主要构件的支护结构。

5. 挡土构件:设置在基坑侧壁并嵌入基坑底面的支护结构竖

向构件。例如,支护桩、地下连续墙。

6. 内支撑:设置在基坑内的由钢筋混凝土或钢构件组成的用以支撑挡土构件的结构部件。支撑构件采用钢材、混凝土时,分别称为钢内支撑、混凝土内支撑。

2.4.3 基本原理及适用范围

1. 根据地质、结构情况、基坑平面和开挖深度、周围环境和坑边荷载情况、施工季节、支护期限等因素采用有利的支护结构和土体加固的组合形式进行支挡。

2. 根据基坑等级及实际情况选择综合支护方式,高寒地区主要以冻胀融沉为主,适用于土钉墙与灌注排桩、地下连续墙等的组合。

2.4.4 技术工艺

1. 排桩

(1)排桩的桩型与成桩工艺应根据桩所穿过土层的性质、地下水条件及基坑周边环境要求等选择混凝土灌注桩、型钢桩、钢管桩、钢板桩、型钢水泥土搅拌桩等桩型。

(2)当支护桩的施工影响范围内存在对地基变形敏感、结构性能差的建筑物或地下管线时,不应采用挤土效应严重、易塌孔、易缩径或有较大振动的桩型和施工工艺。

(3)排桩施工应符合现行行业标准《建筑桩基技术规范》(JGJ 94)对相应桩型的有关规定。

2. 地下连续墙

(1)地下连续墙施工应根据地质条件的适应性等因素选择成槽设备。成槽施工前应进行成槽试验,并应通过试验确定施工工艺及施工参数。

(2)当地下连续墙邻近的既有建筑物、地下管线、地下构筑物对地基变形敏感时,地下连续墙施工应采取有效措施控制槽壁变形。

（3）成槽施工前,应沿地下连续墙两侧设置导墙,导墙的强度和稳定性应满足成槽设备和顶拔接头管施工的要求。

（4）泥浆配比应按试验确定,同时需满足高原地区的要求,具体保温措施可参考《建筑工程冬期施工规程》(JGJ/T 104—2011)。

（5）对有防渗要求的接头,应在吊放地下连续墙钢筋笼前,对槽段接头和相邻墙段的槽壁混凝土面用刷槽器等方法进行清刷,清刷后的槽段接头和混凝土面不得夹泥。

（6）单元槽段的钢筋笼宜整体装配和沉放。需要分段装配时,宜采用焊接或机械连接,接头的位置宜选在受力较小处,且应符合现行国家标准有关规定。连接点出现位移、松动或开焊的钢筋笼,不得入槽。

（7）除特殊要求外,地下连续墙的施工偏差应符合现行国家标准《建筑地基基础工程施工质量验收标准》(GB 50202)的规定。

3. 土钉墙

土钉墙施工应符合本指南第2.2节的相关要求。

4. 重力式水泥土墙

（1）水泥土墙宜采用水泥土搅拌桩相互搭接成格栅状的结构形式,也可采用水泥土搅拌桩相互搭接成实体的结构形式。搅拌桩的施工工艺宜采用喷浆搅拌法。

（2）水泥土搅拌桩的施工应符合现行行业标准《建筑地基处理技术规范》(JGJ 79)的规定。

（3）重力式水泥土墙采用开挖的方法,检测水泥土固结体的直径、搭接宽度、位置偏差;采用钻芯法检测水泥土的单轴抗压强度及完整性、水泥土墙的深度,进行单轴抗压强度试验的芯样直径不应小于80 mm。检测桩数不应少于总桩数的1%,且不应少于6根。

5. 地下水控制

地下水控制应根据工程地质和水文地质条件、基坑周边环境要求及支护结构形式选用截水、降水、集水明排或其组合方法。

6. 止水帷幕

(1)试桩

对地下水位较高、渗透性较强的地层,宜采用双排搅拌桩截水帷幕;水泥土搅拌桩帷幕的施工应符合现行行业标准《建筑地基处理技术规范》(JGJ 79)的有关规定。

(2)高压旋喷、摆喷注浆帷幕

旋喷注浆固结体的有效直径、摆喷注浆固结体的有效半径宜通过试验确定;缺少试验时,可根据土的类别及其密实程度、高压喷射注浆工艺,按工程经验采用。

高压喷射注浆应按水泥土固结体的设计有效半径与土的性状选择喷射压力、注浆流量、提升速度、旋转速度等工艺参数,对较硬的黏性土、密实的砂土和碎石土宜取较小提升速度、较大喷射压力。通过现场工艺试验确定施工工艺参数。

采用与排桩咬合的高压喷射注浆截水帷幕时,应先进行排桩施工,后进行高压喷射注浆施工;高压旋喷、摆喷注浆帷幕的施工尚应符合现行行业标准《建筑地基处理技术规范》(JGJ 79)的有关规定。

2.4.5 注意事项

1. 建筑基坑支护应综合考虑场地工程地质与水文地质条件、基坑开挖深度、降排水条件、基础类型、周边环境对基坑侧壁变形控制的要求、基坑周边荷载、施工季节及施工条件、支护结构使用期限等因素,做到因地制宜、因时制宜,根据形势选取经济合理的支护结构,并进行组合运用。

2. 注意监控周围及地下水的情况,提前做到预控措施到位。

3. 综合支护需要对其选用的支护方式参考相关行业规范标准进行施工和质量检测,对出现质量问题的要及时处理,同时采用相关监测方法对基坑变形进行监测。

4. 支护桩施工完成后,应按照相关规范进行桩检,对不合格的桩,采用补桩和灌浆的相关方法进行施工。

5. 其他注意事项按照现行《建筑基坑支护技术规程》(JGJ 120)的相关规定执行。

2.5 超深基坑支护

2.5.1 总则

1. 为规范高原地区超深基坑支护施工,做到技术先进、安全适用、经济合理、确保质量,制定本指南。

2. 本指南适用于高原地区超深基坑支护施工。

3. 超深基坑支护施工除应符合本指南外,尚应符合国家现行有关标准的规定。

2.5.2 术语

1. 超深基坑支护:将支挡式结构结合内支撑或锚杆系统进行支护,对基坑侧壁及周边环境采用的支挡、加固与保护的支护方式。

2. 支挡式结构:以挡土构件和锚杆或支撑为主要构件,或以挡土构件为主要构件的支护结构。包括锚拉式支挡结构、支撑式支挡结构、悬臂式支挡结构。

3. 内支撑:设置在基坑内的由钢筋混凝土或钢构件组成的用以支撑挡土构件的结构部件。支撑构件采用钢材、混凝土时,分别称为钢内支撑、混凝土内支撑。

4. 挡土构件:设置在基坑侧壁并嵌入基坑底面的支护结构竖向构件。例如,支护桩、地下连续墙。

2.5.3 基本原理及适用范围

1. 通过支挡式结构结合内支撑或锚杆系统进行支护,对基坑侧壁及周边环境采用支挡、加固与保护措施,保护地下主体结构施工和基坑周边环境的安全。

2. 适用于高原地区超深基坑支护、软土区域采用支挡式结构围护结合内支撑进行控制的支护施工。

3. 超深基坑支护的设计、施工、质量验收应符合现行行业标准《建筑基坑支护技术规程》(JGJ 120)及其他相关规范的规定。

2.5.4 技术工艺

1. 深基坑支护结构选型

(1)支护结构的选型应考虑的因素有:基坑深度;土的性状及地下水条件;基坑周边环境对基坑变形的承受能力及支护结构一旦失效可能产生的后果;主体地下结构及其基础形式、基坑平面尺寸及形状;支护结构施工工艺的可行性;施工场地条件及施工季节;经济指标、环保性能和施工工期等。

(2)按照现行规范《建筑基坑支护技术规程》(JGJ 120—2012)中表3.3.2选择支护结构。

(3)当基坑不同部位的周边环境条件、土层性状、基坑深度等不同时,可在不同部位分别采用不同的支护形式;支护结构可采用上、下部以不同结构类型组合的形式;当周边环境要求较高时,应采用较刚性的支护形式,以控制水平位移,如排桩或地下连续墙等;当周边环境要求较高而地质条件较差时,如采用锚杆容易造成周边土体的扰动并影响周边环境的安全,故应采用内支撑形式为好;当地质条件特别差,基坑深度较深,周边环境要求较高时,可采用地下连续墙加逆作法这种最强的支护方式。

(4)不同支护形式的结合处,应考虑相邻支护结构的相互影响,其过渡段应有可靠的连接措施。

2. 支挡结构类型

(1)锚拉式支挡结构:是将挡土结构、锚拉结构(锚杆及腰梁、冠梁)相互结合进行施工,利用支护桩和加固土体两种及多种形式,形成围护结构。

（2）支撑式支挡结构:挡土结构(悬臂式结构、双排桩结构)和内支撑结构(钢支撑、混凝土支撑、钢与混凝土的混合支撑)结合,形成整体对深基坑进行支护。其中内支撑结构形式很多,可归纳为以下几类:①水平对撑或斜撑,可采用单杆、桁架、八字形支撑;②正交或斜交的平面杆系支撑;③环形杆系或板系支撑;④竖向斜撑。

（3）悬壁式支挡结构:由立臂和墙底板两部分组成。

3. 支护结构与主体结构的结合及逆作法

（1）支护结构与主体结构可采用下列结合方式:支护结构的地下连续墙与主体结构外墙相结合;支护结构的水平支撑与主体结构水平构件相结合;支护结构的竖向支承立柱与主体结构竖向构件相结合。

（2）当地下连续墙作为主体结构的主要竖向承重构件时,可采取下列协调地下连续墙与内部结构之间差异沉降的措施:

①宜选择压缩性较低的土层作为地下连续墙的持力层。

②宜采取对地下连续墙墙底注浆加固的措施。

③宜在地下连续墙附近的基础底板下设置基础桩。

（3）支护结构的地下连续墙与主体结构外墙相结合时,地下连续墙成槽施工应采用具有自动纠偏功能的设备;地下连续墙进行墙底后注浆时,墙段可折算成截面面积相等的桩,并根据现行行业标准《建筑桩基技术规范》(JGJ 94)确定后注浆参数,后注浆施工应符合有关规定。

（4）主体结构采用逆作法施工时,应在地下各层楼板上设置用于垂直运输的孔洞。

（5）逆作的主体结构的梁、板、柱,应符合现行《混凝土结构工程施工规范》(GB 50666)和相关其他国家标准的规定。

2.5.5 注意事项

1. 超深基坑施工时,一定要注重监测的频次,确保施工和使用过程中数据的有效检测,满足基坑预警要求。

2. 深基坑需考虑渗透系数和基坑降水,可利用止水帷幕进行立面止水,同时需对周围环境随时进行跟踪,防止突发情况发生。

3. 采用支撑结构时,需合理布置施工平面及行车走道、栈桥等,根据预留出口和施工顺序,合理布置。

3 高海拔地区混凝土结构施工

3.1 CSA 混凝土超长结构无缝施工

3.1.1 总则

1. 为规范超长混凝土结构的设计与施工，做到技术先进、安全适用、经济合理，制定本指南。
2. 本指南适用于工业与民用建筑超长混凝土结构工程施工。
3. 超长混凝土结构施工除应符合本指南外，尚应符合国家现行有关标准的规定。

3.1.2 术语

1. 超长混凝土结构：长度超过分缝最大间距限值的钢筋混凝土结构。
2. 超长无缝混凝土结构：无永久分缝的超长混凝土结构。
3. 跳仓法：把超长混凝土结构划分为一定尺度的多个单元，按照一定时间间隔，进行跳跃浇筑混凝土的方法。
4. 膨胀加强带：在后浇的条形区域部位，浇筑补偿性混凝土的部分。
5. CSA 抗裂防水剂：由多种有机和无机组分配制而成的刚性抗裂防水材料，其中含有高效膨胀组分，配有塑性膨胀组分、防渗减缩组分，可将塑性膨胀、硬化后的膨胀与减缩有机结合起来，达到防水抗裂的双重目的。

3.1.3 基本原则和原理

1. 超长混凝土结构应采取必要措施，尽量少设或不设结构的永久分缝。

2. 超长无缝混凝土结构施工前,应收集当地当期环境和气象资料,做好各项施工准备工作。

3. 采用超长无缝混凝土结构施工时,设计方案的确定应与施工单位进行协商。

4. 施工单位应根据超长无缝混凝土结构工程设计图纸,编制施工方案,履行审批手续,并提请建设单位、监理单位会签认定。

5. CSA 抗裂防水剂由于具有"高膨胀、低收缩"的特性,特别适用于超长结构混凝土工程。

6. 在混凝土中掺加 8%~12% 的 CSA 抗裂防水剂,通过水泥的化学反应,使混凝土产生适量膨胀,在钢筋和临位限制下,在钢筋混凝土中建立 0.2~0.7 MPa 的预压应力,可大致抵消混凝土收缩时产生的拉应力,防止混凝土开裂。

3.1.4 技术工艺

1. 材料要求

补偿收缩混凝土的配合比设计与普通混凝土大致相同,除需满足设计强度等级、抗渗等级、施工性能等要求外,还需达到工程要求的限制膨胀率设计指标。补偿收缩混凝土配合比设计的原则是:强度第一,膨胀第二。能导入 0.2~0.7 MPa 的预压应力,限制膨胀率 $1 \times 10^{-4} \sim 5 \times 10^{-4}$,要求保证强度条件下的高膨胀或保证膨胀条件下的基本强度。对混凝土的组分有以下要求:

(1)水泥

混凝土温升的热源是水泥水化热,选用低水化热品种的水泥,可以较少水化热,使混凝土温升较小。同时,要求严格检验水泥的体积安定性。如果在水泥硬化后产生较大的不均匀体积变化,会使结构物产生膨胀裂缝,影响工程质量,甚至引起严重的事故。

(2)骨料

砂子按其平均粒径和细度模数分为粗砂、中砂、细砂和特细砂。应尽量选用粗砂,也可以使用中砂。粗骨料最好选用温度线膨胀系数较小的石灰岩骨料,以碎石为佳,粒径尽量大一些,级配良好,在 5~30 mm 左右。严格控制骨料的含泥量,砂子不超过 3%,石子不超过 1%。过大的含泥量不仅增加混凝土的收缩,又降低强度,对抗裂性能有害。

(3)外加剂

混凝土中可掺入适量的缓凝减水剂,能延迟水泥水化热的释放速度,温度峰值也会有所降低;同时能够避免连续浇筑混凝土过程中的冷接槎问题,降低渗漏隐患;另外,减水作用可以节约水泥用量,从而降低造价,且水泥用量越少,水化热就越低,温差裂缝就越少。掺入粉煤灰或矿渣粉末等活性混合材料,取代部分水泥,可以降低水泥水化的发热量,减小温度应力,减轻开裂渗漏的出现。

(4)膨胀剂

膨胀剂的选用应坚持性能第一、综合评定,膨胀率、强度、细度、有害成分含量等均需符合 JGJ 52—2006 的要求。

(5)水

使用洁净的生活用水。

2. CSA 抗裂防水剂的掺量和混凝土限制膨胀率

CSA 抗裂防水剂的掺量范围为 8%~12%,应根据混凝土的强度等级、工程部位和施工季节等情况选用。底板等非易裂部位混凝土,CSA 的掺量宜为 8%~9%;侧墙、楼板、顶板等部位混凝土易裂,掺量不应低于 10%;高于 C40(含 C40)的墙体混凝土,CSA 的最佳掺量不宜低于 10%。

通过以上掺量的调整,使混凝土达到 GB 50119 中混凝土限制膨胀率的要求,见表 3-1、表 3-2。

表 3-1　非易裂部位抗混凝土的技术性能

项　　目	限制膨胀率($\times 10^{-4}$)	限制干缩率($\times 10^{-4}$)
龄　　期	水中 14 d	水中 14 d,空气中 28 d

续上表

项　目	限制膨胀率（×10⁻⁴）	限制干缩率（×10⁻⁴）
性能指标	≥1.5	≤3.0
备　注	适用于基础底板混凝土	

表 3-2　易裂部位抗裂混凝土的技术性能

项　目	限制膨胀率（×10⁻⁴）	限制干缩率（×10⁻⁴）
龄　期	水中 14 d	水中 14 d，空气中 28 d
性能指标	≥2.0(2.5)	≤2.0
备　注	适用于墙体、梁板混凝土；C40 以上混凝土宜按括号内的膨胀率取值	

CSA 抗裂防水剂的掺量按下式计算确定：

$$K = \frac{m_K}{m_C + m_F + m_K} \times 100\% \quad (3-1)$$

式中　K——抗裂防水剂的掺量；

　　　m_C——混凝土配合比中水泥用量；

　　　m_F——粉煤灰用量；

　　　m_K——抗裂防水剂用量。

3. 混凝土拌制

（1）原材料计量

水泥、砂、石、减水剂、膨胀剂、粉煤灰、矿粉、水等均经过严格的计量后再投入搅拌机，膨胀剂、减水剂采用人工计量，其余电子计量。实施中计量偏差执行比国家规范更严格的标准，按下列要求（按重量计）控制：水泥、外加剂、膨胀剂、粉煤灰、水均为 ±1%；砂、石均为 ±2%。

（2）混凝土搅拌

①派专人负责投料，并符合计量要求。

②每 4 h 测定砂、石的含水量，以便及时调整混凝土拌和用水量，严禁随意增加用水量。

（3）混凝土搅拌时间

用自落式搅拌机时,比不掺外加剂的普通混凝土延长30 s以上;用强制式搅拌机时则延长10 s以上(表3-3)。施工中严格控制搅拌时间,确保混凝土拌和均匀。

表3-3 自防水混凝土搅拌的最短时间(单位:s)

混凝土坍落度(mm)	搅拌机机型	搅拌机容积(L)		
		<250	250~500	>500
>120	强制式	70	70	100
	自落式	120	120	150

(4)混凝土运输

混凝土从搅拌机卸出后应尽快运至浇筑地点。当搅拌好的混凝土放置时间较长、坍落度损失较大时,严禁随意在混凝土中加水,只能添加高效型、无缓凝成分、浓度40%左右的减水剂溶液。搅拌车应随车携带减水剂溶液或工地备用。

4. 混凝土浇筑

(1)浇筑准备工作

①钢筋模板按设计图纸安装、绑扎,必须固定牢靠,模板表面涂上脱模剂。模板缝应严密,不漏浆。

②仔细校核计量装置,检查泵送设备和现场泵管布置,确保混凝土生产和泵送时设备能够正常运转。

③根据现场浇筑计划合理布管,尽量少接弯管,确保混凝土浇筑顺畅。

④工地现场应有备用混凝土输送泵,防止因混凝土输送泵故障而产生长时间浇筑停工,导致施工冷缝出现。

⑤预先准备充足的养护器材,主要是塑料薄膜和棉被等。

⑥将模板及钢筋间的所有杂物清理干净。

(2)混凝土浇筑

①浇筑采用阶梯推进法,即"一个坡度、薄层、循序推进、一次

到顶"的连续方法。如图3-1所示,从一个方向开始浇筑,阶梯形逐渐向前推进,混凝土自然流淌形成一个斜坡,振捣密实。这种方法能较好地适应泵送工艺,避免泵管的经常拆除冲洗和接长,提高泵送效率,保证及时接缝,避免先浇筑的混凝土初凝造成施工冷缝出现。

图3-1 底板混凝土浇筑流程示意图

在浇筑混凝土时,在每个带的前后布置两根振动棒。第一根布置在混凝土的卸料点,主要解决混凝土梁底的振实;第二根布置在混凝土坡脚处,确保梁板交接混凝土的密实。为防止混凝土集中堆积,先振捣出料口处混凝土,形成自然流淌坡度,然后全面振捣,并严格控制振捣时间、振捣棒的移动间距和插入深度。

②混凝土必须连续浇筑,相邻两块混凝土浇筑间隔时间不得超过120 min,以防产生施工冷缝,造成防水隐患。若遇混凝土供应不及时或停电而停止施工,可在结缝处的混凝土中掺加缓凝剂,使混凝土缓凝数小时,这样就延长了处理应对的时间,防止出现施工冷缝。缓凝剂的掺加量通过试验确定,加料由专人负责,严防多加、少加或漏加。

③混凝土的振捣必须密实,不可漏振、欠振,也不可过振。振捣时,振点布置要均匀,快插慢拔,振捣时间为15~20 s,以混凝土开始泛浆和不冒气泡为准。在施工缝、预埋件处加强振捣,以免振捣不实,形成渗水通道,振捣时应尽量不触及模板、钢筋、止水带,以防其移位、变形。

④混凝土浇筑完成后,为防止混凝土在硬化过程中表面散热过快出现龟裂,要及时进行二次抹面,即在混凝土初凝后、终凝前,先人工用木蟹抹边拍打,使混凝土的浆料渗出,然后再用力抹压,

直至抹压平整。抹压至少两遍,最后一遍的抹压要掌握好时间,应在混凝土临近终凝时为好,随即用塑料薄膜覆盖。

5. 混凝土养护

补偿收缩混凝土的养护非常重要,这是由于 CSA 膨胀剂水化形成膨胀结晶——钙矾石,以及水泥水化都需要水,否则会影响膨胀效能。因此在每一块混凝土浇筑、抹面完成后,都要及时用塑料薄膜对其表面进行覆盖;当整块混凝土终凝后,铺设棉毡等养护材料(防止阳光直晒)并洒水养护,始终保持混凝土表面润湿,养护期不少于 14 d。

3.1.5 注意事项

1. 尽量降低混凝土的出罐温度,如降低骨料温度、采用低温搅拌水、骨料堆上搭设防晒棚等。尽量避开高温时段浇筑混凝土。

2. 采用分层连续浇筑法或推移式连续浇筑法浇筑混凝土,利用混凝土层面散热,降低混凝土温升,但要注意控制间隔时间在混凝土初凝时间内,防止产生"冷缝"。

3. 在混凝土浇筑过程中,控制振捣方式和振捣时间,及时清除表面泌水。

4. 采取降温措施,降低混凝土温升,比如在混凝土内部埋设冷却水管。

5. 严格控制养护时间,做好养护工作,保持混凝土表面的湿润。

3.2 劲性柱混凝土施工

3.2.1 总则

1. 为在高海拔高寒地区建筑工程中合理应用和发展劲性柱混凝土结构(SRC),做到技术先进、安全可靠、经济合理、确保质量,制定本指南。

2. 本指南适用于高海拔高寒非地震区和抗震设防烈度为6度至9度的多、高层建筑和一般构筑物的劲性柱混凝土结构建筑施工。

3. 劲性柱混凝土结构（SRC）的施工除应符合本指南外，尚应符合国家现行有关强制性标准的规定。

3.2.2 术　　语

1. 型钢混凝土：混凝土内配置型钢（轧制或焊接成型）和钢筋的结构。

2. 型钢混凝土框架柱：钢筋混凝土截面内配置型钢的框架柱。

3.2.3 基本原理及适用范围

1. 钢与混凝土组合结构基本性能试验研究表明，组合结构构件相比于钢筋混凝土结构构件具有承载力大、延性性能好、刚度大的特点。目前，国内高层建筑中大量采用组合结构构件，尤其是由型钢混凝土柱和钢梁形成的外框架与钢筋混凝土核心筒组成的框架核心筒、筒中筒结构体系，更显示了共固有的优良结构特性，提高了结构抗震性能，增加了使用面积，满足了工程需要。

2. 在多、高层建筑的各种体系中，型钢混凝土结构可以与钢筋混凝土结构构件组合，也可以与钢结构构件组合，不同结构发挥其自身特点。在组合结构设计中，主要应处理好不同结构形式的连接节点，以及沿高度改变结构类型带来的承载力和刚度的突变。

3.2.4 技术工艺

1. 型钢混凝土结构中，型钢钢材宜采用 Q345、Q390、Q420 低合金高强度结构钢及 Q235 碳素结构钢，质量等级不宜低于 B 级，且应分别符合现行《低合金高强度结构钢》（GB/T 1591）和《碳素结构钢》（GB/T 700）的规定。当采用较厚的钢板时，可选用材质、材性符合现行《建筑结构用钢板》(GB/T 19879)的各牌号钢板,其质量等级不宜低于 B 级。当采用其他牌号的钢材时,尚应符合国家现行有关标准的规定。

2. 钢材应具有屈服强度、抗拉强度、伸长率、冲击韧性和硫、磷含量的合格保证,对焊接结构尚应具有碳含量的合格保证及冷弯试验的合格保证。

3. 钢材宜采用镇静钢。

4. 钢板厚度大于或等于 40 mm,且承受沿板厚方向拉力的焊接连接板件,钢板厚度方向界面收缩率不应小于现行《厚度方向性能钢板》(GB/T 5313)中 Z15 级规定的容许值。

5. 纵向受力钢筋宜采用 HRB400、HRB500、HRB335 热轧钢筋;箍筋宜采用 HRB400、HRB335、HPB300、HRB500 钢筋,其强度标准值、设计值应按表3-4 的规定采用。

表3-4 钢筋强度标准值、设计值(单位:N/mm²)

牌 号	符号	公称直径 d(mm)	屈服强度标准值 f_{rk}	极限强度标准值 f_{stk}	最大拉力下总伸长率 δ_{gt}(%)	抗拉强度设计值 f_y	抗压强度设计值 f'_y
HPB300	ϕ	6~22	300	420	不小于10	270	270
HRB335	Φ	6~50	335	455	不小于7.5	300	300
HRB400	Φ	6~50	400	540		360	360
HRB500	Φ	6~50	500	630		435	410

6. 型钢混凝土结构构件采用的混凝土强度等级不宜低于 C30;有抗震设防要求时,剪力墙不宜超过 C60。

7. 钢柱、型钢柱,现场拼接和梁柱节点连接采用全熔透焊缝。

8. 对于 SRC 构件以及所有与混凝土相连的钢结构,应结合混凝土部分的图纸,确定钢结构的预留钢筋孔、连接套筒(钢筋连接器)的位置和数量。

9. 在高寒高海拔地区，劲性柱间的焊前加热、中间再加热、后热等都围绕着消除骤冷骤热、消除胀缩不均、延缓冷却收缩这个质保目的，但是仅上述措施还不能阻止温度热量的快速散失，特别是防止钢构件边沿区域冷却焊缝中部冷却过快的现象。

10. 加盖保温性能好、耐高温的保温棉，在寒冷地区需加盖至少 6~8 cm 厚的保温棉，在钢柱接头焊接部位密封围护棚阻止空气流通，使其缓慢冷却，达到常温后，方可除去保温措施。

11. 由于较厚的保温棉可基本阻止外界空气对构件焊接区的直接冷却，构件的绝大部分焊接热通过构件两端的延伸部分传递，这个过程温度的渐变较缓慢，只要保温棉围护严密，焊接质量即可保证，围护后不可随意对围护区遮蔽措施进行拆解。

12. 翼缘板焊接时，在焊缝的周围尽量采用封闭的方法，用压型板制造各种不同的焊口需要的小挡板，把焊口封闭起来。

13. 高海拔高寒地区劲性柱焊接施工，为保证焊缝不产生冷脆，负温度下焊接用的焊丝，在满足设计强度的要求下，优先选用屈服强度较低、冲击韧性好的低氢型焊丝。

14. 焊接使用的瓶装 CO_2 气体，负温时的瓶嘴在水汽作用下有可能产生冰冻堵塞现象，焊接作业前应首先检查疏通。

15. 高海拔高寒地区强风影响较大，钢柱、梁的焊接是钢结构安装过程中利用专用支撑材料先搭设焊接防风围护棚，上部允许稍透风，但不允许渗漏雨水，中部宽松，能抵抗强风的侵扰，不致使大股冷空气透入。

16. 严寒的冬季焊接施工，光有严密的焊接防护还不够，钢材由骤冷至焊接产生骤热，容易发生钢结构焊缝接头区冷裂纹现象。因此，在 0 ℃ ~ -15 ℃ 的气候条件下，焊前还必须用两支大功率焊枪在1.5倍的板厚且不小于 100 mm 的范围进行加热，直至要求温度。

17. 焊前加热消除焊缝两侧母材与焊缝区的强烈温差，最大限度地减缓钢材在板厚方向由热胀时压应力到冷缩时拉应力的转换过程，最大可能地促使焊缝接头均匀胀缩，这是保证超厚钢板焊接质量尤其是在寒冷地区焊接时的一个非常重要的环节。这一环节包括了焊前严格加热，施焊过程中保证持续、稳定层间温度，全过程执行窄道焊、有规律地采用左右向交替焊道。

3.2.5 注意事项

1. 基于组合结构构件是由钢、混凝土和钢筋多种材料组成，在施工前进行专业深化设计是必要的。

2. 组合结构中，钢结构制作、安装、焊接、坡口形式和规定应符合现行国家标准的规定，以保证施工质量。

3. 对采用不同柱脚形式的型钢混凝土柱、钢管混凝土柱中型钢、钢管与底板的焊接质量提出规定，以保证柱内力的传递。

4. 为发挥栓钉传递剪力的作用，栓钉的直径、长度、间距宜正确选定。

5. 受力钢筋的连接，接头百分率、机械连接接头质量应符合有关标准的规定。

3.3 抗腐蚀高性能混凝土施工

3.3.1 总　　则

1. 针对青藏高原地区的工程地质及水文地质条件和常见腐蚀类型，为使地下钢筋混凝土结构在不同环境条件和环境作用等级情况下，达到防腐、防锈、抗裂、防水的耐久性技术指标要求，保证构筑物满足规定的结构耐久性设计使用年限，特制定本指南。

2. 地下工程防腐、抗裂、防锈耐久性混凝土的设计与施工，除应执行本指南的规定外，尚应符合国家及青海省现行有关标准、规范的相关规定。

3.3.2 术　语

1. 腐蚀性等级：按照环境作用等级可分为轻微、轻度、中度、严重、非常严重五个等级；按照腐蚀介质的腐蚀性等级划分为微腐蚀、弱腐蚀、中等腐蚀、强腐蚀、超强腐蚀五个等级。

2. 结构耐久性：在设计确定的环境作用和维修、使用条件下，结构构件在设计使用年限内保持其适用性和安全性的能力。

3. 耐久性设计使用年限：耐久性设计规定的结构或构件不需要进行大修，在预定的使用及维修条件下，可按其预定功能正常使用具有足够保证率的耐久性年限。

3.3.3 防腐蚀设计

最大限度地保证混凝土的高碱度和防止有害离子入侵，是防腐蚀措施的出发点。钢筋防腐蚀措施分为基本措施和附加措施两大类。

1. 基本措施

主要是提高混凝土自身的防护能力，如选择优质水泥，增加水泥用量，降低水灰化，使用优良外加剂、掺合料，增加保护层厚度等。

2. 附加措施

实践证明，在较严酷的腐蚀环境条件下，单靠"基本措施"尚不能达到耐久性要求，必须采取相应措施，如：

（1）外涂层、渗透层、覆盖层、隔离层；水泥基层、聚合物、树脂类涂层等。外涂层有隔离腐蚀环境的功能，对于保护混凝土的碱度和防止有害离子入侵都是有效的。但大多数涂层自身寿命不长（10 年左右），且再次涂覆困难，故外涂层在"耐久性保护"方面的应用受到一定限制。

（2）钢筋阻锈剂：有阴极型、阳极型、复合型等类型，系由无机物和有机物构成，加入混凝土中除能阻止、减缓钢筋锈蚀外，对混凝土的基本性能无不利影响。

(3)特种钢筋:环氧涂层钢筋、耐蚀钢筋、不锈钢钢筋、镀锌钢筋等。其中环氧涂层钢筋发展较快,美、日等国已批量用于工程。其连续完整的环氧薄膜,能有效隔离渗入混凝土内的有害离子与钢筋接触,从而保护钢筋不受腐蚀。然而,施工中需要小心绑扎(改用尼龙丝),并随时补涂运输、施工过程中划伤、碰坏的膜层部分,否则会加速该部位的腐蚀。另外,其价格较贵也是限制因素。目前,我国已有环氧涂层钢筋的产品标准。

(4)阴极保护:根据阴极保护原理,采用施加外加电流或牺牲阳极的方法,使混凝土内钢筋电位处于 -0.85 V 左右(饱和硫酸铜电极),否则钢筋就会腐蚀。对于新工程,阴极保护可用于海中、水域或地下潮湿的独立构筑物。需严格控制保护电位范围,防止析氢引起"握裹力"降低和氢脆发生,对于预应力混凝土更应慎重。

3.3.4 技术工艺

1. 合理选择水泥品种

为配制密实性混凝土,在水泥品种选择上至少应该注意以下几个方面:

(1)选择低水化热水泥。

(2)避免使用早强水泥和早强剂。

(3)选择有害碱(K^+、Na^+)含量低的水泥,以防发生"碱集料反应"。

(4)选择铝酸三钙(C_3A)含量低的水泥。铝酸三钙(C_3A)有高强效应,更主要的是,它能与硫酸盐起化学反应产生体积膨胀,使混凝土开裂。

2. 选用较好的砂、石骨料

碱性氧化物和活性氧化硅之间的化学作用通常称为碱集料反应。碱集料反应可使混凝土遭受严重破坏。碱性物质主要来自水泥。在一般情况下,当骨料中含有活性氧化硅时,水泥含碱量超过0.6%(折算成氧化钠含量)就可能发生碱集料反应破坏。我国混凝土的碱含量限值为 3.0 kg/m^3,为满足这一限定值,可采取如下方法:

(1)使用碱含量低的水泥。

(2)降低水泥用量。

(3)不用或少用含 NaCl 和 KCl 多的海砂、海石和海水。

(4)不用或少用含碱外加剂。

(5)使用混合水泥或掺加混合料,如矿渣、粉煤灰和硅灰。

3. 适当控制混凝土的水灰比及水泥用量

水灰比大小是决定混凝土密实性的主要因素,它不但影响混凝土的强度,而且也严重影响其耐久性,故必须严格控制水灰比。

保证足够的水泥用量,同样可以起到提高混凝土密实性和耐久性的作用。《工业建筑防腐蚀设计标准》中对钢筋混凝土的规定为:最大水灰比 0.55,最小水泥用量 300 kg/m^3。

单位水泥用量较高的混凝土,混凝土拌和物比较均匀,可减少混凝土捣实过程中出现的局部缺陷。而且,水泥用量较高的混凝土能经常保持钢筋周围有较高的碱度,使钢筋钝化膜不易被破坏,也就是说,希望钢筋能够被足够数量的水泥浆包裹。

4. 掺用加气剂或减水剂

掺用加气剂或减水剂对抗渗、抗冻等有良好的作用,在某些情况下还能节约水泥。

5. 混凝土保护层

混凝土保护层对钢筋的防腐蚀有着双重作用。首先,增加其厚度可明显推迟腐蚀介质达到钢筋表面的时间,其次可增强抵抗钢筋腐蚀造成胀裂力的能力。随着保护层厚度增加,渗入到混凝土的氯离子含量急剧降低。当保护层厚度由 10 cm 减为 3 cm 时,开始腐蚀的时间将由 10 a 以后提前到 1 a。

3.3.5 注意事项

1. 施工单位应针对地下建筑物有防腐、防锈要求的钢筋混凝土构件,根据不同环境情况结合工程实际,编制专项技术措施并通过审查批准。

2. 防腐蚀高性能混凝土配合比必须满足规定的强度等级和耐久性要求。

3. 混凝土粗、细骨料的各项性能指标应满足要求,混凝土经过试配达到设计要求方可使用。

4. 混凝土浇筑完成后应及时覆盖养护,防止出现收缩或温度裂缝。

5. 禁止使用工程范围内的地下水直接投入工程施工。

3.4 发泡混凝土施工

3.4.1 总 则

1. 为规范高原地区发泡混凝土施工,做到技术先进、安全适用、经济合理、确保质量,制定本指南。

2. 本指南适用于高原地区发泡混凝土施工。

3. 发泡混凝土施工除应符合本指南外,尚应符合国家现行有关标准的规定。

3.4.2 术 语

1. 发泡混凝土:又称泡沫混凝土,指以水泥为主要胶凝材料,并在骨料、外加剂和水等组分共同制成的料浆中引入气泡,经混合搅拌、浇筑成型、养护而成的具有闭孔孔结构的轻质多孔混凝土。

2. 物理发泡:在发泡混凝土搅拌过程中,通过掺加泡沫剂以机械方式引入气泡的方法。

3. 化学发泡:在泡沫混凝土搅拌过程中,通过掺加发泡剂以化学反应产生气泡的方法。

3.4.3 基本原理及适用范围

1. 发泡混凝土适用范围及设计、施工、质量验收应符合现行《泡沫混凝土应用技术规程》(JGJ/T 341)的相关规定,屋面找坡层、狭小基坑回填等尤为适用。

2. 发泡混凝土用于找坡层、屋面保温层、狭小基坑回填时,宜采用物理发泡。

3. 发泡混凝土用于找坡层及基坑回填时,强度等级应符合设计要求,当设计无要求时,强度等级不应低于 A05;在作为保温层时,导热系数应符合设计要求。

3.4.4 技术工艺

1. 发泡混凝土强度应符合设计要求,施工前应进行配合比试验,确定各种材料的掺量。

2. 发泡混凝土用水泥易采用硅酸盐水泥或普通硅酸盐水泥,有出场证明和复试报告,水泥的凝结时间和安定性复检应合格,对于出场日期超过 3 个月的水泥必须重新复试。不同品种、不同强度等级的水泥,不得混用。

3. 发泡混凝土宜采用机械搅拌泵送一体机,泵管直径宜采用 75 mm。

4. 发泡混凝土浇筑应先内后外,在浇筑完成后应及时封闭隔离,不得上人扰动。

3.4.5 注意事项

1. 发泡混凝土施工温度不宜低于 10 ℃,风力不应大于 5 级,严禁降雨时施工。浇筑完成后采用刮杠刮平,严禁振捣。

2. 发泡混凝土浇筑完毕后的 12 h 内进行覆膜保湿养护,养护应能保持混凝土处于湿润状态,但不得浸水。

3.5 超大超厚超体量混凝土施工

3.5.1 总 则

1. 为规范高原地区大体积混凝土施工,做到技术先进、安全适用、经济合理、确保质量,制定本指南。
2. 本指南适用于高原地区大体积混凝土施工。
3. 大体积混凝土施工除应符合本指南外,尚应符合国家现行有关标准的规定。

3.5.2 术 语

1. 大体积混凝土:混凝土结构物实体最小几何尺寸不小于 1 m 的大体量混凝土,或预计会因混凝土中胶凝材料水化引起的温度变化和收缩而导致有害裂缝产生的混凝土。
2. 跳仓施工法:在大体积混凝土工程施工中,将超长的混凝土块体分为若干小块体间隔施工,经过短期的应力释放,再将若干小块体连成整体,依靠混凝土抗拉强度抵抗下一段的温度收缩应力的施工方法。

3.5.3 基本原理及适用范围

1. 大体积混凝土施工前应编制施工方案,并对温度应力进行验算。
2. 大体积混凝土用水泥宜优先采用中低热硅酸盐水泥,如矿渣硅酸盐水泥、火山灰质硅酸盐水泥、粉煤灰硅酸盐水泥。但处于冻土层范围内及冬期施工时应采用硅酸盐水泥和普通硅酸盐水泥,水泥强度等级不应小于42.5。

3.5.4 技术工艺

1. 大体积混凝土配合比的设计、试配和确定由实验室负责，配合比确定后由实验室进行水化热的验算测定。在保证混凝土强度及坍落度要求的前提下，应提高掺合料及骨料的含量，以降低水泥用量。

2. 必须加强与气象预测预报部门的联系，把握天气变化情况，以掌握在混凝土施工阶段天气的变化，制定应急预案，从而保证混凝土连续浇筑顺利进行，确保混凝土质量。同时避免高温时间段浇筑及冬期浇筑。

3. 优先采用跳仓法施工，当无法采用跳仓法时，按照设计要求留设后浇带。

4. 厚度不大于 1.5 m 时采用斜面分层浇筑。

5. 厚度大于 1.5 m 时采用分层、分段的方法浇筑，分层厚度应符合设计要求。

6. 为防止内部混凝土温度过高而出现内部干缩裂缝，宜采用冷却管做循环降温。

7. 为防止混凝土表面散热过快，避免内、外温差过大而产生裂缝，混凝土终凝后，立即进行保温养护。当混凝土表面温度与大气温度基本相同时，撤掉保温养护，改为浇水养护，养护时间不得少于 14 d。

3.5.5 注意事项

大体积混凝土工程施工前，宜对施工阶段大体积混凝土浇筑体的温度、温度应力及收缩应力进行试算，制定相应的温控技术措施。温度控制指标应符合以下要求：

(1) 混凝土浇筑体在入模温度基础上的温升值不宜大于 50 ℃。

(2) 混凝土浇筑块体的里表温差（不含混凝土收缩的当量温

度）不宜大于 25 ℃。

(3) 混凝土浇筑体的降温速率不宜大于 2.0 ℃/d。

(4) 混凝土浇筑体表面与大气温差不宜大于 20 ℃。

4 高海拔地区大跨度铝结构穹顶施工

4.1 铝合金穹顶深化设计

4.1.1 总　　则

1. 为规范铝合金穹顶深化设计,制定本指南。
2. 本指南适用于穹顶的深化设计。
3. 穹顶深化设计除应符合本指南外,尚应符合国家现行有关标准的规定。

4.1.2 术　　语

1. 铝合金结构:由铝合金材料组成的结构体系。
2. 穹顶结构:穹顶可以看成是一个拱绕着它的垂直中心轴旋转一周而得到。因此穹顶像拱一样有着很大的结构强度,可以不借助内部结构支撑而达到较大的空间跨度。
3. 深化设计:在设计单位提供的施工图纸基础上,结合施工现场实际情况,对图纸进行细化、补充和完善,但在原则上不改变原有设计。

4.1.3 基本原理及适用范围

1. 穹顶结构应与建筑结构设计同时进行。
2. 穹顶结构施工前应对既有设计进行深化,深化设计必须经原设计单位确认后,方可实施。

4.1.4 技术工艺

1. 深化设计时,除对原设计中不充分、不合理的部位进行细化外,还需对其他专业穿插施工必要的预留进行考虑。

2. 构件加工前需编制加工料单,明确加工尺寸、开眼位置和角度,并对所有构件进行编号,出厂时冲印在构件上。

3. 构件加工好后先进行工厂试拼装,试拼合格后按照顺序进行包装运输至现场。

4. 所有构件预留孔洞均在工厂加工,严禁现场扩孔。

4.1.5 注意事项

深化设计需要对原设计结构形式或主要参数进行修改时,应由原设计单位进行重新设计。

4.2 施工过程模拟计算分析

4.2.1 总 则

1. 为规范穹顶结构施工顺序,保证施工质量和安全,制定本指南。

2. 本指南适用于穹顶的施工模拟。

3. 穹顶施工模拟除应符合本指南外,尚应符合国家现行有关标准的规定。

4.2.2 术 语

施工模拟:在施工前根据拟定的施工方案,采用计算机软件辅助对各个施工过程进行受力模拟,对施工方案的合理性进行验证。

4.2.3 基本原理及适用范围

施工模拟需要严格按照拟定方案进行,现场施工时与方案不符则需重新进行施工模拟。

4.2.4 技术工艺

1. 铝合金穹顶结构安装前应编制施工方案,明确安装顺序。在施工方案中要对结构安装和玻璃及装饰安装不同工况条件进行施工过程模拟计算,从安装过程中杆件内力及变形两方面进行,经过工况验算。
2. 安装时宜从最高点所在部位开始,先行短跨安装,以便尽快合龙形成稳定体系,安装顺序必须与工况模拟顺序相一致。
3. 安装时需与管线安装、灯具安装、电动开启扇安装同步穿插进行。
4. 每个节点安装完成后应及时进行铆钉紧固,严禁大面安装后再进行铆钉紧固。

4.2.5 注意事项

施工模拟所采用的计算软件应与结构设计计算软件相一致。

4.3 穹顶操作平台及安装方案

4.3.1 总则

1. 为规范穹顶操作平台的搭设,制定本指南。
2. 本指南适用于穹顶操作平台的搭设。
3. 操作平台搭设除应符合本指南外,尚应符合国家现行有关标准的规定。

4.3.2 术语

操作平台:为满足穹顶安装,提供的操作面而采取的相应措施。

4.3.3 基本原理及适用范围

施工平台可根据现场条件采用整体式满堂脚手架、滑动式高空操作平台、移动式升降车、移动式操作平台等。

4.3.4 技术工艺

1. 施工前应根据施工环境及施工组织情况编制操作平台专项施工方案并进行安全性验算，对达到一定规模的危险性较大分部分项工程条件的施工单位应组织专家论证。
2. 方案选择上从以下方面综合考虑：
(1)弧形穹顶施工操作简便。
(2)操作面距地面较高，施工安全可靠性。
(3)施工作业面的可实施性，考虑中庭幕墙施工，相互不影响，不交叉作业。
(4)结合总体进度、安全、质量、经济性。
3. 施工前应对全体作业人员组织技术交底。
4. 施工平台作为安装时的操作面，除第一跨合龙前可进行局部支撑外，不得作为支撑体系，堆放荷载应符合方案要求。

4.3.5 注意事项

施工过程中不得随意改变方案，平台上堆放的荷载不得超过方案要求。

5 高海拔地区钢结构工程施工

5.0.1 总则

1. 本指南适用于高海拔、高温差地区工业与民用房屋和一般构筑物的钢结构施工。

2. 钢结构施工时,应从工程实际情况出发,合理选用材料、结构方案和构造措施,满足结构在运输、安装和使用过程中的强度、稳定性和刚度要求,宜优先采用定型的和标准化的结构和构件,减少制作、安装工作量,符合防火要求,注意结构的抗腐蚀性能。

3. 钢结构施工图纸中应注明所要求的焊缝质量级别(焊缝质量级别的检验标准应符合现行《钢结构工程施工质量验收规范》的规定)。

4. 对有特殊要求和在特殊情况下的钢结构施工,尚应符合国家现行有关规范的要求。

5.0.2 术语

1. 设计文件:设计图纸、施工技术要求和设计变更文件等的统称。

2. 材质证明书:由钢材生产部门或销售单位委托有资质的质量检测部门出具的某批钢材质量的证明文件。

3. 零件:组成部件或构件的最小单元,如腹板、翼缘板、连接板、节点板、加劲肋等。

4. 部件:由若干零件组成的单元,如焊接 H 型钢、牛腿等。

5. 构件:由若干零件、部件组成的钢结构基本单元,如梁、柱、支撑等。

6. 抗滑移系数：高强度螺栓连接中，使连接件摩擦面产生滑动时的外力与垂直于摩擦面的高强度螺栓预拉力之和的比值。

7. 预拼装：为检验构件是否满足安装质量要求而在安装前进行的拼装。

8. 放样：按照技术部门审核过的施工详图，以 1∶1 的比例在样板台上划出实样，求出实长，根据实长制成样板。

9. 号料：以样板为依据，在原材料上划出实样，并打上各种加工记号。

5.0.3 基本原理及适应范围

本指南针对青藏高原独特的地理和气候条件所引起的氧含量低、昼夜温差较大（最大达到近 30 ℃）等环境条件，对大跨度单元体管桁架结构安装过程的各工况进行技术检测、分析。依托西宁火车站钢结构屋架工程施工的研究，对高原特殊环境下大型钢网格和钢桁架结构工程施工过程进行指导。

5.0.4 技术工艺

1. 钢网格屋盖施工控制

（1）对接口高空坐标的控制

西宁站房工程钢结构安装施工测量采用内控结合外控法投测轴线，屋盖钢结构定位放样利用全站仪测定三维坐标的功能进行，高程传递采取新三角高程测量方法。在施工过程中，对基准点每 1 月校核一次，以保证测量精度；在钢结构安装过程中，在桁架上弦或下弦杆贴上贴片，贴片位置在图纸上标出坐标点及标高，利用全站仪控制标高及轴线。

（2）高温差焊接的控制

焊接作业环境不符合要求时，会对现场的焊接施工质量造成不利影响。较低温时会使钢材脆化，也会使焊接过程中母材热影响区的冷却速度加快，会加大冷裂纹的产生。

为减少钢构件在焊接过程中产生的危害,在焊接过程中要提高焊接的最近施焊温度。0 ℃以下焊接时,工件必须焊前预热到20 ℃,并在焊接过程中保持常温要求。焊前预热均可以降低热影响区冷却的速度,对防止焊接延迟裂纹的产生有重要作用。

对常用牌号的钢材坡口焊接,采用普通的低氢焊条、常用热输入量及环境温度为常温条件下,对必须预热的板厚值及最低预热温度作出规定。层间温度范围的下限值与预热温度相同,其上限值应满足母材热影响区不过热的要求。

实际工程结构施焊时的预热温度,应满足下列规定:

①当焊接坡口角度及间隙增大时,应相应提高预热温度。

②操作地点环境温度低于常温时(高于 0 ℃)应提高预热温度 15 ℃ ~ 25 ℃。

③焊前预热及层间温度采用火焰加热。预热的加热区域应在焊接坡口两侧,宽度应为各试件施焊处厚度的 1.5 倍,且不小于 100 mm。

西宁站房工程在钢结构安装前做好高温差焊接工艺评定报告,通过焊前预热和焊后保温的操作,经检测焊缝已达到设计要求,其焊接工艺评定报告的工艺参数与其他焊接工艺参数无很大变化。

(3)高温差对拼装的影响的控制

①钢构件组装在组装平台、组装支承架或专用设备上进行。组装平台及组装胎架应有足够的强度和刚度,并便于构件的装卸、定位。在组装平台或组装支承架上宜划出构件的中心线、端面位置线、轮廓线和标高线等基准线。

②本工程钢构件组装采用胎模装配法,组装时可采用立装或卧装。

③钢构件组装时要预留拼装间隙,确保整体尺寸与图纸尺寸一致,构件组装间隙应符合设计和工艺文件要求,组装间隙一般不宜大于 3 mm。

④焊接构件组装时应预放焊接收缩量,并对各部件进行合理的焊接收缩量分配。对于重要或复杂构件,宜通过工艺性试验确定焊接收缩量。

⑤桁架结构组装时,杆件轴线交点偏移应不大于 3 mm。

(4)低氧对焊接的影响

西宁站房工程钢结构焊接主要为二氧化碳气体保护及自保护焊,其原理为:二氧化碳气体保护焊所使用的熔化电极为实芯焊丝或药芯焊丝,由保护气罩导入的二氧化碳气体或其他惰性气体混合的混合气体围绕导丝嘴及焊丝端头隔离空气,对电弧区及熔池起保护作用。其熔池的脱氧反应和必要合金元素的渗入,大部分只能由焊丝的合金成分完成。而药芯焊丝管内包容的少量焊剂成分仅起辅助的冶金反应作用和保护作用。可知,高原低氧环境对焊接质量有利。

2. 关键技术应用及控制

(1)低温焊接技术

选择合理的焊接设备、符合设计要求的焊接材料。焊接材料在使用前,应按材料说明规定的温度和时间要求进行烘焙和储存。焊接工作正式开始前,对工程中首次采用的钢材、焊接材料、焊接方法、焊接接头形式、焊后热处理等进行焊接工艺评定试验,对于原有的焊接工艺评定试验报告与新做的焊接工艺评定试验报告,其试验标准、内容及其结果均在得到工程监理认可后才进行正式焊接工作,焊接工艺评定试验的结果作为焊接工艺编制的依据。尤其是在本工程高寒、高温差、低氧环境中焊接,通过焊接工艺评定及超声波探伤等手段,进行现场焊缝测试,再与其他工程的试件进行对比分析。在低温下焊接时要将母材预热至温度大于 21 ℃,焊接前采用自动或半自动方法切割的母材边缘应光滑和无影响焊接的割痕缺口,切割边缘的粗糙度符合 GB 50205—2001 规定的要求。被焊接头区域附近的母材无油脂、铁锈、氧化皮及其他外来物;在同一构件上焊接时,尽可能采用热量分散、对称分布的方式施焊。焊缝焊接完成后,清理焊缝表面的熔渣和金属飞溅物,焊工自行检查焊缝的外观质量;如不符合要求,焊补或打磨,修补后的焊缝光滑圆顺,不得影响原焊缝的外观质量。

(2)屋面结构避免不同施工阶段的分区构件合龙

针对西宁地区高寒、高温差的环境,结合本工程工期紧需冬季施工的特点,采取有效措施,通过调试低温焊接施工工艺,控制因屋面结构施工周期长,杆件温度应力大,造成的不同施工阶段的分区构件卸载及合龙时间措施,做好钢结构在安装过程中的技术监测,对安装过程进行监控。针对西宁站钢屋架及雨棚的大跨度单元体管桁架结构安装过程的各工况进行技术检测、分析、论证,保证吊装单元结构的稳定性及工作状况符合设计要求。对钢结构的吊装、焊接及卸荷后屋面钢屋架的变形进行监测监控。支撑拆除前,必须焊接完所有的安装焊缝,并检测合格。待分区屋面桁架形成整体稳定单元即可拆除临时支撑。临时支撑在拆除过程中,利用吊车或卷扬机辅助拆除,拆除顺序宜由结构一侧向另一侧推进,拆除过程中及时观测支撑拆除后的结构变形,确保结构安全。

(3)预应力张拉

预应力张拉采用应力应变双控,即以张拉力为主、伸长值为辅的控制方法。张拉力的控制通过采用经过定期标定的张拉设备进行张拉施工来实现。伸长值的辅助控制,是按正确的测量方法进行实际伸长值测量,将之与理论计算伸长值进行比对,确保实际伸长值的误差不超过理论计算伸长值的 ±6%。根据设计要求的预应力筋张拉控制应力取值(控制应力 σ_{con} = 1 395 MPa),实际张拉力根据实际状况进行3%的超张拉。

(4)高温差下钢构件加工尺寸偏差允许范围

由于温差会引起钢结构杆件的变形,且其变形与规范要求的加工尺寸偏差相比不可忽略,因此在高温差地区钢结构加工时需根据温度情况对构件的加工尺寸进行调整。其加工尺寸允许偏差最小值取 Max{-3 mm, -3 mm + 工厂加工车间温度与施工现场最低温度差所产生的变形值}, 最大值取 Min{3 mm, 3 mm + 工厂加工车间温度与施工现场最高温度差所产生的变形值}。

本工程C、D、E计划在9~11月份进行施工,期间最高温度为15℃,最低温度为-14.5℃,本工程桁架单根最大程度为7.2 m,故在温差29.5℃时产生的变形为1.36 mm。工厂加工车间温度为22℃,则C、D、E区桁架杆件加工的允许偏差为-1.7 mm,3 mm。

3. 技术重点与适用范围

(1) 高温差焊接技术

适用于昼夜温差大,焊接作业时外部环境温度变化大的地区的焊接施工。在焊接过程中要提高焊接的最近施焊温度。0℃以下焊接时,工件必须焊前预热到20℃,并在焊接过程中保持常温要求。

(2) 高温差对拼装的影响

适用于昼夜温差大,或全年温差大且钢结构拼装周期长的钢结构拼装施工。提前确定拼装时间,确定结构构件在拼装过程中不同时间内温度变形的影响,对温度影响在加工时进行考虑。在高温差地区同类工程施工时必须要考虑昼夜温度变化对变形的影响,尽量选择昼夜温差23℃以内的时间施工,超过23℃温差影响将会迅速加大。

(3) 低氧对焊接的影响

适用于高海拔空气含氧量低于一般地区的二氧化碳保护焊焊接施工。虽然低氧对焊接起有利作用,但在施焊前仍需进行工艺试验。

(4) 低温焊接技术

适用于温度低于0℃以下焊接施工。在低温下焊接时要将母材预热至温度大于21℃,焊接前采用自动或半自动方法切割的母材边缘应光滑和无影响焊接的割痕缺口,被焊接头区域附近的母材无油脂、铁锈、氧化皮及其他外来物;在同一构件上焊接时,尽可能采用热量分散、对称分布的方式施焊。

(5)大跨度钢网格屋盖与预应力斜柱结构施工技术

适用于相同或相近结构工程的施工,在高温差地区施工必须考虑温度变化对变形的影响。

5.0.5 注意事项

1. 作业条件

(1)完成施工详图,并经原设计人员签字认可。

(2)主要材料已经进场。

(3)施工组织设计、施工方案、作业指导书等各种技术准备工作已经准备就绪。

(4)各种工艺评定试验及工艺性能试验完成。

(5)各种机械设备调试验收合格。

(6)所有生产工人都进行了施工前培训,取得相应资格的上岗证书。

2. 材料要点

(1)钢结构使用的钢材、焊接材料、涂装材料和紧固件等应具有质量证明书,必须符合设计要求和现行标准的规定。

(2)进场的原材料,除必须有生产厂的出厂质量证明书外,还应按合同要求和有关现行标准在甲方、监理的见证下进行现场见证取样、送样、检验和验收,做好检查记录,并向甲方和监理提供检验报告。

(3)钢结构工程的材料代用,一般是以高强度材料代替低强度材料,以厚代薄。

(4)钢结构工程使用的钢材,必须按要求进行力学性能试验,其检验项目应根据钢材材质确定,对于B、C、D三级的钢材应按要求进行冲击试验。

(5)高强度螺栓应按要求进行预拉力试验。

3. 技术关键要求

(1)放样、号料应根据加工要求增加加工余量。

(2)制孔应注意控制孔位和垂直度。

(3)装配工序应根据构件特点制定相应的装配工艺及工装胎具。

(4)焊接工序应严格控制焊接变形。

4. 质量关键要求

(1)样板、样杆应经质量检验员检验合格后,方可下料。

(2)大批量制孔时,应采用钻模制孔。钻模应经质量检验员检查合格后,方可使用。

(3)装配完成的构件应经质量检验员检验合格后,方可焊接。

(4)焊接过程中应严格按照焊接工艺要求控制相关焊接参数,并随时检查构件的变形情况;如出现问题,应及时调整焊接工艺。

6 高海拔地区屋面工程施工

6.1 改良倒置屋面施工

6.1.1 总　则

1. 为规范高原寒冷地区倒置屋面的施工,制定本指南。
2. 本指南适用于高原寒冷地区倒置屋面工程施工。
3. 高原寒冷地区改良倒置屋面施工除应符合本指南外,尚应符合国家现行有关标准的规定。

6.1.2 术　语

1. 屋面工程:由防水、保温、隔热等构造层所组成房屋顶部的设计和施工。
2. 倒置屋面:将保温层设置在防水层之上的屋面,且保温层具有憎水性。
3. 憎水性保温层:(XPS、EPS、喷涂硬泡聚氨酯、硬泡聚氨酯板、硬泡聚氨酯防水保温复合板、泡沫玻璃)减少屋面热交换作用的构造层。
4. 防水层:能够隔绝水而不使水向建筑物内部渗透的构造层。
5. 隔离层:消除相邻两种材料之间的黏结力、机械咬合力、化学反应等不利影响的构造层。
6. 保护层:对防水层或保温层起防护作用的构造层。
7. 附加层:在易渗漏及易破损部位设置的卷材或涂膜加强层。

6.1.3 基本原理及适用范围

1. 倒置屋面是将憎水性保温层放置于防水层上面,能够使防水材料的寿命增强,同时利用憎水性保温材料性能,可消除传统正置屋面冻融循环水汽对防水层的破坏,基本构造宜由结构层、找坡层、找平层、防水层、保温层及保护层组成,是将传统的保温层和防水层工序进行置换,充分利用保温层的保温、憎水性能,延长防水使用寿命。

2. 需根据当地气候条件、施工环境等相关因素制定施工专项方案,并满足现行《倒置式屋面工程技术规程》(JGJ 230)的相关规定。

6.1.4 技术工艺

1. 屋面施工前,根据设计内容以及当地气候条件、紫外线情况制定相应的施工方案,并进行技术交底和成品保护措施交底。

2. 结构屋面施工时,尽量采用结构找坡。若无法进行结构找坡,可采用材料找坡。

3. 采用轻质保温混凝土材料施工,对于高寒地区,施工环境温度低于5 ℃时,需采用保温棉被进行覆盖,确保在受冻前满足临界强度要求。

4. 屋面与女儿墙交接处用砂浆抹成圆弧状,各种出屋面管道、设备基础也要抹成圆弧或八字角。

5. 选用耐腐蚀、耐霉烂、适应基层变形的防水材料,一般采用涂膜和卷材相结合,在女儿墙、管道、山墙等突出屋面结构处施工。在保温层施工前,应对防水层进行蓄水或淋水检验,确认无渗漏、无积水,并应质量验收合格。

6. 防水保护层施工时要保护好防水层,防水层表面应平整、洁净、干燥、冬季施工时应无结冰、霜冻现象,对表面尘土、杂物等应清理干净。

7. 保温层铺设应紧密,接缝处严密,可采用 XPS、EPS、喷涂硬泡聚氨酯、硬泡聚氨酯板、硬泡聚氨酯防水保温复合板、泡沫玻璃等保温材料施工。

8. 保护层的施工应在屋面保温层验收合格后进行。保护层可选用卵石、预制混凝土板块、水泥砖、地砖、金属板材、人造草皮、蔓生植物种植、多年生植物种植、水泥砂浆、细石混凝土、平瓦等材料。

6.1.5 注意事项

1. 天沟、檐沟应增铺防水附加层,防水卷材应从沟底翻上至沟外沿顶部,收头应用水泥钉固定,并用密封膏封严;天沟、檐沟应满铺保温材料。

2. 做好湿作业的保温防冻措施和防水材料的成品保护工作。

3. 倒置屋面可不设置排气孔,排气孔可根据需要进行设置。

4. 做好女儿墙、水落口、伸出屋面管道、变形缝、天沟、檐沟、檐口等部位的细部构造,确保此处防水的密封和保温要求。

5. 天沟和檐口部位按照要求设置融雪或保温措施,防止冰冻凝结。

6. 其他注意事项按照现行《倒置式屋面工程技术规程》(JGJ 230)的相关规定执行。

6.2 呼吸式屋面排气系统施工

6.2.1 总 则

1. 呼吸式屋面采用轻质骨料混凝土为保温、找坡构造,内设置的排气孔通过女儿墙、排气道、出屋面结构等部位进行排气,形成隐蔽式的排气通道,有效利用结构内部封闭性确保寒冷季节不结冰结露,保证排气管内部不受影响,有效保证了屋面防水层的耐久性。

2. 适用于高原地区屋面施工需要采取排气措施,且四周设有女儿墙、突出屋面楼梯间、设备房、排气烟道等结构的屋面排气管施工。

3. 呼吸式排气构造不穿透防水层,注意其施工部位位于保温层或者保温层与找坡层合并施工层中,管径选取应考虑满足保温层厚度要求。保温层一般为轻质泡沫混凝土或轻集料混凝土。

4. 呼吸式屋面排气系统除应符合本指南外,尚应符合国家现行有关标准的规定。

6.2.2 术　　语

1. 屋面工程:由防水、保温、隔热等构造层所组成房屋顶部的设计和施工。

2. 保温层:减少屋面热交换作用的构造层。

3. 防水层:能够隔绝水而不使水向建筑物内部渗透的构造层。

4. 排气管:保温层内设置纵横贯通的排气通道,排气通道上连通设置伸出屋面的排气管,使得保温层内的气体能够及时排出,防止屋面因水的冻胀、气体的压力而导致开裂破坏。

6.2.3 基本原理及适用范围

1. 在屋面保温层与防水层间设置排气管,保温层采用轻质骨料混凝土(具有轻质、高强、保温、耐火、抗震性好等特点),穿过保温层及排气道的管壁四周应打排气孔,排气管应做防水处理,排除防水层与屋面结构楼板层之间保温层及找坡层内的水汽,将排气管出口设置在屋面管井内及出屋面结构中,与大气连通,保证了排气系统的基本功能。

2. 适用于寒冷地区屋面工程,设置于含有空气孔隙的轻质混凝土层中,能够使保温层有一定抗冻变形能力。

6.2.4 技术工艺

1. 根据屋面平面及管井位置,确定排气管道位置,使其综合交错,相互连通,排气管道出气口位置进入管井内。

2. 排气管可选用不锈钢管、塑料管(UPVC、PB、PPR),材料选用原则是耐久性好、便于连接和打孔,采用直通、三通、四通进行排气管连接。

3. 排气系统施工

(1)排气管加工:用手持电锯将排气管按照排气管布置图上尺寸进行切断,用电钻在排气管上打孔,孔径10 mm,同一截面开4个孔,对称布置,开孔间距200 mm。

(2)按照排气管道平面布置图进行排气管布设,排气管布设在保温层内,排气管干管通入管井或贴附女儿墙,管材连接采用直通、三通、四通、90°弯头管件,管材连接采用粘结方式或者螺钉固定,连接位置注意防止堵塞。

(3)为防止找坡层施工时混凝土浆灌入排气管内将排气管堵塞,采用无纺布覆盖在排气管上,找坡层施工前进行检查。

4. 轻质骨料混凝土保温层施工

保温层为现浇整体轻集料材料(轻质泡沫混凝土、陶粒混凝土、矿渣混凝土、复合轻集料等),其施工应注意:

(1)首先根据设计图在屋面板上弹出分水线,然后按照设计坡度做好塔饼,保证最薄处至少为30 mm厚(屋面排水地漏处),最后按照分水线及塔饼铺找坡混凝土刮平压实即可。

(2)在高寒地区,施工环境温度低于5 ℃时,需采用保温棉被进行覆盖,确保在受冻前满足临界强度要求。

6.2.5 注意事项

1. 女儿墙、排气道内排气孔提前预留,避免安装二次开洞,避免留下细部防水处理隐患,做好此处成品保护措施。

2. 在较寒冷地区,其屋面天沟均设置融雪伴热带,在排气孔的出口处尽量设置保温和融雪措施,防止冬季冷凝结冰。

6.3 种植屋面施工

6.3.1 总　　则

1. 为规范高原地区种植屋面施工,制定本指南。
2. 适用于高原地区新建、既有建筑屋面和地下建筑顶板种植工程的施工。
3. 种植屋面施工除应符合本指南外,尚应符合国家现行有关标准的规定。

6.3.2 术　　语

1. 种植屋面:铺以种植土或设置容器种植植物的建筑屋面和地下建筑顶板。
2. 耐根穿刺防水层:使用耐根穿刺防水材料构成的防水层。
3. 排(蓄)水层:能排出渗入种植土中多余水分并具有蓄水功能的构造层。
4. 成品排蓄水复合卷材:蓄排水毡与卷材复合而形成一体,具有防、蓄、排、植一体化功能。
5. 过滤层:防止种植土流失又能使水渗透的构造层。
6. 过滤板:用于种植屋面挡土,同时与过滤布结合,有效透水并防止土壤流失。
7. 种植土:具有一定渗透性、蓄水能力和空间稳定性,满足植物生长的田园土、改良土和无机复合种植土。

6.3.3 基本原理及适用范围

1. 种植屋面是指在建筑屋面和地下工程顶板的防水层上铺以种植土或盖锯末屑、膨胀蛭石、膨胀珍珠岩、轻砂等多孔松散材料,并种植植物,使其起到防水、保温、隔热和生态环保作用的屋面。

2. 适用于一般工业与民用建筑中采用种植物的隔热屋面工程,以及地下室顶板、裙楼屋面、架空层和屋顶等有种植要求的园林建筑工程。

3. 种植屋面技术适用范围及设计、施工、质量验收应符合现行《种植屋面工程技术规程》(JGJ 155)的相关规定。

6.3.4 技术工艺

1. 制定好专项种植屋面施工方案,注重屋面防水施工质量,种植屋面防渗漏是屋面使用时间长短的关键。

2. 种植屋面施工前应对所用防水材料及保温材料进行检测,需满足规范及标准要求。

3. 保温隔热层可采用板状保温隔热层和喷涂硬泡聚氨酯保温隔热层,其施工方法均需满足现行《屋面工程技术规范》(GB 50345)的相关规定。

4. 找坡层采用水泥拌和的轻质散状材料时,施工环境温度应在5℃以上,当低于5℃时应采取冬期施工措施;屋面基层与突出屋面结构的交接处,以及基层的转角处均应做成圆弧。内部排水的水落口周围应做成凹坑。

5. 防水层可采用普通防水层、合成高分子防水卷材、高聚物改性沥青防水卷材、自粘类防水卷材、合成高分子防水涂料、聚合物水泥防水涂料等,需根据防水层的特性制定相关防水施工方案。

6. 耐根穿刺防水层可采用耐根穿刺防水卷材、改性沥青类耐根穿刺防水卷材、聚氯乙烯(PVC)防水卷材、热塑性聚烯烃(TPO)防水卷材、三元乙丙(EPDM)防水卷材、聚乙烯丙纶防水卷材和聚合物水泥胶结料、高密度聚乙烯土工膜、耐根穿刺防水层的高分子防水卷材与普通防水层的高分子防水卷材复合式、喷涂聚脲防水涂料等防水卷材。

7. 细石砂浆保护层应抹平压实,厚度均匀,并设分格缝。

8. 排(蓄)水层应与排水系统相连;设施施工前应根据坡向规划好整体导流方向;排(蓄)水层应铺设至天沟边缘或水落口周边;铺设排蓄水材料时,不得破坏耐根穿刺防水层。

9. 铺设的种植土必须疏松,地形整理应按照竖向设计进行,平整度和坡度应符合设计要求。

10. 防风措施

(1)采用支撑结构固定植物。

(2)冬季到来前设立防风屏障。

(3)对已经遭受风害的植物应及时护理,被吹倒或歪斜的植物扶正,对劈裂的大枝可根据情况及时采取锯除或绑缚吊起等措施。

11. 防冻措施

(1)覆盖时,对具有一定承压能力的植物可直接覆盖覆盖物,覆盖物一般选塑料膜、草席或废旧麻袋等。

(2)搭棚时,棚架大小视树体而定,既要紧凑又要尽量使枝梢舒展不受压,同时还要注意其稳固性。棚架可用竹、木作支撑材料,有条件时也可采用金属类、草席、塑料膜或加密遮光网作遮盖物。

(3)对植物干茎(主要对乔灌花木)进行包缠以保护植株干茎,防止其直接受冻而危及整个植株。包缠物可用草绳、麻袋片或废旧棉布等。

(4)对树干涂白,防止霜冻危害。在树干涂白防冻时,白涂剂的配制浆液较常规涂白时要稍浓,或涂刷时要多一些,即采取二次涂刷。

12. 灌溉系统可采用滴灌、喷灌和渗灌等方式;射程严禁喷至防水层泛水部位和超越种植边界;管道的套箍、接口应牢固、紧密,对口间隙应准确。

13. 电线电缆应采用暗埋式铺设,连接应紧密、牢固,接头不应在套管内,接头连接处应做绝缘处理。

6.3.5 注意事项

1. 寒冷地区,挡墙与种植土之间应采取防冻胀措施。
2. 保温层施工环境气温宜为 15 ℃～30 ℃,风力不宜大于 3 级,空气相对湿度宜小于85%。温度较低时,需采用保温措施。
3. 屋面防水施工完成后应及时养护,及时覆土或覆盖松散种植介质。
4. 种植屋面应有专人管理,及时清除枯草、藤蔓,翻松植土,并及时洒水。
5. 定时清理泄水孔和粗细骨料,检查排水是否通畅。
6. 寒冷地区种植屋面尽量采用暖棚维护结构,减少冬季的冻害影响,也同时减少人员维护的相关成本。
7. 其他注意事项按照现行《种植屋面工程技术规程》(JGJ 155)的相关规定执行。

6.4 铝镁锰金属屋面施工

6.4.1 总　　则

1. 为加强铝镁锰金属屋面施工的过程控制,保证安全生产和工程质量,制定本指南。
2. 本指南适用于建筑工程的铝镁锰金属屋面的施工。
3. 铝镁锰金属屋面施工除参考本技术指南外,尚应符合现行的国家、行业和地方有关标准的规定。

6.4.2 术　　语

1. 金属屋面:用金属板材按照设计要求经工厂(现场)加工成的屋面板,用各种紧固件和各种泛水配件组成的屋面维护结构。金属屋面包括金属板立边咬合屋面、平锁扣金属屋面、金属板饰面屋面等几种。

2. 金属屋面系统：以金属材料作为屋面层，通过合理的方式，借助现代屋面使用机具和屋面接口技术，将符合建筑物功能要求的各屋面层体有机结合组成的屋面系统，可以同时或根据需要部分满足建筑物屋面的结构支撑、吸音、降噪、隔热、保温、防潮、防水、排水和内外装饰等功能，配合其他建筑附件，兼顾采光、消防、排烟、防雷等功能。

6.4.3 基本概况和适用范围

1. 铝镁锰合金屋面板特点

铝镁锰合金在建筑业中得到广泛的应用，为现代建筑向舒适、轻型、耐久、经济、环保等方向发展发挥了重要的作用。铝镁锰合金屋面板是一种新型的屋面板，其具有耐腐蚀、美观、重量轻、强度大、容易加工成型等诸多优点，广泛应用于机场航站楼、飞机维修库、车站及大型交通枢纽、会议及展览中心、体育场馆、展示厅、大型公共娱乐设施、公共服务建筑、大型购物中心、商业设施、民用住宅等建筑。

2. 常用铝镁锰金属屋面组成

常用铝镁锰金属屋面采用立边咬合屋面系统，其结构形式如图 6-1 所示。

3. 立边咬合屋面原理

立边咬合屋面系统是压型金属面板通过专用设备或手工咬合工艺，依次将其相邻立边和 T 型支座相对咬合后连接到支承结构的屋面系统。这种系统主要用于大跨度自支承式封闭结构体系。由于连接用 T 型支座隐藏在金属面板下面，在屋面上没有任何穿孔，提高了系统的防水性能，立边间形成相互独立的排水槽，使屋面能够有效地进行排水。在面板和支座之间能够实现滑动（图 6-2），有效吸收屋面板因热胀冷缩产生的变形。

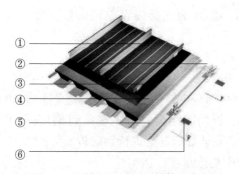

图 6-1　铝镁锰金属屋面结构示意图

①—屋面板；②—T型固定支座；③—防水透气膜；④—保温棉；
⑤—底板；⑥—主支撑结构

图 6-2　可滑动空腔示意图

立边咬合屋面适用于温差较大地区，屋面板热胀冷缩变形较为明显，而热胀冷缩变形受固定方式影响最大。铝合金屋面板由于采用立边咬合固定方式，铝合金固定座仅限制屋面板在板宽方向和上下方向的移动，并不限制屋面板沿板长方向的自由度，因此屋面板在温度变化时能够在固定座上自由滑动伸缩，不会产生温度应力，这样便有效解决了其他板型难以克服的温度变形问题，保证了屋面板各项性能的可靠性。

6.4.4　技术工艺

1. 工艺流程

檩托板安装→檩条安装→钢底板安装→固定座支撑安装→隔

汽保温层铺设→防水透气膜铺设→屋面板安装→咬合→清理→报验。

2. 施工方法

(1) 钢底板安装

钢底板直接用自攻钉固定安装在主檩条上,自攻钉横向距离间隔一个板肋,纵向间距为每道主檩条间距,底板主要起支撑作用,因此在檩条安装好后马上进行钢底板安装。

(2) 固定座支撑安装

①高强铝合金固定支座

铝合金固定支座的安装为屋面安装的关键环节。屋面板于铝合金固定支座固定采取咬口锁边连接而成。屋面板与固定支座无接缝连接,如图6-3所示。

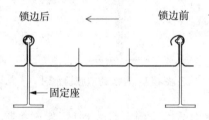

图6-3 咬口锁边连接

采用此种固定支座连接有一显著的优点,即在温度变化下整个屋面板系统可自由滑动、伸缩。该项功能避免了温度变化较大时,金属屋面板由于热胀冷缩引起的伸缩使扣盖咬合缝发生错位而引起屋面渗漏的现象。固定座(图6-4)下加隔热垫(图6-5),既有隔热保温效果,又可防止铝合金固定座与檩条发生电化学反应。

②屋面固定支座的安装流程

测量放线→屋面固定支座的安装→安装完成后的复查→高强固定支座的安装精度调整。

③固定座安装易出现的问题

图 6-4　固定座　　　　图 6-5　隔热垫

a. 放线不准确,人为改变固定座的角度

解决:首先用经纬仪将定位轴线引测到檩条上表面,作为高强塑料固定支座安装的纵向控制线。然后弹出墨线,固定座沿墨线排列固定。

根据屋面板材安装图进行固定座位置控制点的测设。固定座的主要控制线为屋面板的平行线。

固定支座的测量,还应该注意支座安装的直线度、平行度及间隔支座的高差控制。第一排高强塑料固定支座安装最为关键,将直接影响后续支座的安装精度。因此,第一排支座位置要多次复核,其支座间距应采用标尺确定。

b. 漏钉、少钉、沉钉、浮钉、钉位错位现象

解决:每施工段抽取 10% 检查,不合格加倍复抽,直至合格。

④其他注意事项

a. 檐口板两侧的固定座离板边不宜太远,而且两侧相同,一般在 50 mm 以内,这样有利于此处泛水板安装及泛水板宽度一致,此间距可在每块板材的有效偏差中调节。

b. 支座在水平面转角:支座在水平面产生扭转角度是支座安装易产生的通病,其产生的原因主要是在打固定螺钉时,支座没有压紧或标尺间隙过大,支座在扭转力的作用下产生旋转,过后未加纠正造成的。该偏差也会使板肋产生摩擦造成漏水。

c. 在支座安装时如发现标高有误差,仍须对檩条进行调整,

以确保支座达到安装要求。

3. 保温棉的施工

（1）材料说明

保温层一般采用玻璃纤维保温棉材料,规格以设计图纸为准。

（2）安装流程

提升搬运→拆包检查→铺设→边部折边处理→收缝处理。

（3）安装前的准备

施工安装前,准备好需要安装的屋面板,并检查钢底板上有无杂物。

（4）玻璃棉铺设注意事项

①玻璃棉必须铺平、无翘边、折叠；接缝严密,上下层错缝铺设。

②由于玻璃丝棉为受潮易损坏材料,其铺设最好与屋面板的安装同步进行,同时应在裸露和交接缝处用彩条布等物覆盖,做好防风雨措施。为保证工程施工质量,雨、雪或大风天气严禁施工。

③为防止玻璃棉长时间暴露,施工时必须严密组织、集中施工,尽量减少玻璃棉暴露时间,同时准备防雨布,每天施工结束后及时将未覆盖的玻璃棉临时覆盖,以防夜间被雨淋湿。

④在屋檐、天窗窗口等处需做收边处理。

⑤玻璃棉铺设时注意必须铺设严密,接缝处采用搭接,搭接处两层重叠铺设,防止围护系统形成冷桥。

4. 防水透气膜安装

（1）材料说明

在金属屋面系统中,防水透气膜和保温棉叠加使用,其主要目的是对建筑物起到保温隔热的效果,并避免保温棉浸水形成冷桥。

（2）安装方法

①将防水透气膜依次展开,分别用刀片在支架座处开口,使其穿入支座。

②每片透气膜搭接处不少于 50 mm。

③防水透气膜及保温棉的安装应与屋面板安装同步进行,保温棉与屋面板的前后距离不宜太长,确保当时铺设的保温棉在屋面板安装时及时覆盖。

5. 屋面板安装

(1)材料的准备

金属屋面板由专业厂商加工生产,再运至施工现场。

①在生产的过程中观察是否有刮漆、卷边或不平整等现象,并时常检查其长度是否有误差。

②生产结束后采用人工方式将板搬到垂直运输位置处,注意每堆板不宜过高,一般为30~50片。

③屋面板生产应严格执行《钢结构工程施工质量验收规范》(GB 50205—2001)的规定,其现场制作允许误差参照国家标准。

(2)屋面板安装

针对屋面板设计特点和现场实际情况,结合以往类似工程的屋面板体系具体做法,需等待主次檩条结构完成、天沟铺装完成、底板安装完成并进行验收后,方可进行屋面板安装。

①放线

屋面板的平面控制,一般以屋面板以下固定支座来定位完成。在屋面板固定支座安装合格后,只需设板端定位线。一般以板出排水沟边沿的距离为控制线,板块伸出排水沟边沿的长度以略大于设计值为宜,以便于修剪。在檐口制作一适当宽度的木方,用来控制檐后板口的直线度。檐口堵头大样如图6-6所示。

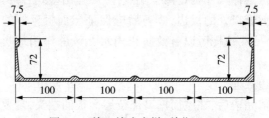

图6-6 檐口堵头大样(单位:mm)

②就位

将板抬到安装位置,先对准板端控制线,然后将搭接边用力压入前一块板的搭接小边上,最后检查搭接边是否紧密接合。

③咬合

面板位置调整好后,安装端部面板下的泡沫塑料封条,然后进行咬边。要求咬过的边连续、平整,不能出现扭曲和裂口。咬合时注意成型咬合机是否有螺丝松动及咬合不到位现象,并定时对咬合器进行保养。

当天就位的屋面板必须完成安装,以避免夜间被大风掀起。同时对于檐口处的屋面板必须用棕绳将屋面板绑扎固定在檩条上,如图6-7所示。

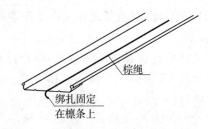

图6-7 用棕绳将屋面板绑扎固定在檩条上

④板边修剪

板边修剪使用圆形风车锯,锯片尺寸应适合于面板的剪切。板边修剪工作宜在样品段全部面板安装完后进行,先根据设计的檐口屋面板延伸尺寸确定两个端点,然后弹出墨线,修剪时以此线为准。修剪檐口处的板边,修剪后应保证屋面板延伸的长度与设计的尺寸一致,这样可以有效防止雨水在风的作用下吹入屋面夹层中。

⑤翻边处理

在修剪完毕后,在屋面檐口部位屋面板的端头,需要利用专用夹具将其板面向上部翻起,角度大致控制在45°左右,以保证天窗部位雨水向内侧下泄,不从堵头及泛水板一侧向室内渗入。在天沟部位屋面板的端头,需要利用专用夹具将其板面向下部翻起,角度大致也控制在45°左右。

折边时不可用力过猛,应均匀用力,折边的角度应保持一致。折边使用专用工具——上弯器和下弯器。

⑥安装完成后的复测

在完成金属屋面板的安装后,安排技术小组对已安装完成的金属屋面板的各项性能进行测试,并观察检查和雨后或淋水检验,以保证金属板材的连接和密封处理符合设计要求。

⑦屋面板的保护与清洁

a. 金属屋面的固定座应制定保护措施,不得发生碰撞变形、变色、污染等现象,以影响屋面板咬合后的效果。

b. 屋面板安装完毕后,应对屋面的杂物进行清理。

6. 屋面泛水板安装

金属屋面与檐口铝单板相连部位采用同屋面材质泛水板连接。在屋面板安装完成后,根据屋面与檐口铝单板的高差实际测量下料,在檐口结构焊接完成后进行屋面泛水板安装,铝单板压在泛水板下进行固定,确保防水。

6.4.5 注意事项

1. 金属屋面安装完毕后即为最终成品,保证安装过程不损坏金属板表面是十分重要的环节,因此应注意以下几点:

(1)现场搬运屋面板应轻抬轻放,不得拖拉,不得在面板上面随意走动。

(2)现场切割过程中,切割机的底面不宜与屋面板直接接触,最好垫以薄三合板。

(3)吊装过程中不要使屋面板与脚手板、柱子、砖墙等产生碰撞和摩擦。

(4)在屋面上施工的人员应穿胶底不带钉子的鞋。

(5)操作人员携带的工具等应放在工具袋中,如放在屋面上,应放在专用的布或其他片材上。

(6)不得将其他材料放置在屋面上或污染屋面板。

2. 金属屋面板是由厚度不到 1 mm 的金属板材制成,屋面的施工荷载不能过大,因此保证结构安全和施工安全十分重要。

3. 当天吊至屋面上的板材应安装完毕,如放有未安装完毕的板材应做好临时固定,以免被风刮下而造成事故。

4. 早上屋面有露水,屋面上较滑,应特别注意防滑。

7 高海拔地区保温工程施工

7.1 玻璃纤维板外墙保温施工

7.1.1 总则

1. 为提高高寒地区玻璃纤维板外墙保温施工质量,做到经济合理、安全可靠,充分体现玻璃纤维板外墙保温材料在密度、温度变形、耐候性、保温性能等方面的各种优势,特制定本指南。

2. 本指南主要应用于高海拔寒冷地区建筑物外墙保温施工。

3. 玻璃纤维板的安装施工除应符合本指南外,尚应符合国家现行的有关规范和标准的规定。

7.1.2 术语

1. 外墙外保温系统:由保温层、保护层和固定材料(胶粘剂、锚固件等)构成并且适用于安装在外墙外表面的非承重保温构造总称。

2. 外墙外保温工程:将外墙外保温系统通过组合、组装、施工或安装,固定在外墙外表面上所形成的建筑物实体。

3. 玻璃纤维板:由玻璃纤维材料和高耐热性的复合材料合成的板材,不含对人体有害的石棉成分。

4. 胶粘剂:用于 EPS 板与基层以及 EPS 板之间粘结的材料。

7.1.3 基本原理及适用范围

1. 玻璃纤维板可以与多种墙体复合,如实心砖墙、多孔砖墙、混凝土空心砌块墙体及现浇钢筋混凝土等各种墙体基层,在高海拔寒冷地区保温工程中较为常用。

2. 面层设置加强型和普通型耐碱玻纤网格布两层,保证了面层的稳定性,有效解决了高海拔寒冷地区保温面层易开裂的顽疾。

3. 适用于高寒地区各类建筑外墙保温工程。

7.1.4 技术工艺

1. 一般规定

(1)玻纤板施工前,外墙已施工完毕,并经过主体及二次结构分部验收。

(2)所用材料的产品合格证、性能检测报告齐全。

(3)材料进场做好验收记录,重点检查尺寸、容重等参数,完成防火、保温等性能检测复试。

(4)基层墙面垂直度、平整度允许偏差满足要求。

(5)墙面基层、色带、滴水槽、门窗口等处残存砂浆应及时清理干净。

(6)拆架子或升降吊篮应防止碰撞已完成的保温墙体,其他工种作业时,不得污染或损坏墙面,严禁踩踏窗口。

(7)保温层、抗裂防护层、装饰层在干燥前应防止水冲、撞击、振动。

(8)气温低于5 ℃不得施工,风力大于5级不得施工,雨天严禁施工,遇雨或雨季施工应有可靠的防雨措施。

2. 基层处理

(1)清扫、检查基面,不得有油污、浮灰等沾污物。

(2)墙面含水率≤8%,pH≤9,如有泛碱应延长养护期和采取人工淋雨清除泛碱,格尔木等地区的砂石、雨水等含碱量较大,需加强网格布及面层涂料的耐碱指标。

(3)对墙体的阴、阳角放线锤进行检验,如发现阴、阳角不垂直时提前进行修补,必须达到阴、阳角垂直、平整。

(4)首层玻纤保温板下面安装托架,其他楼层均在楼板处设置一道钢托架。膨胀螺栓的间距应不大于 600 mm。

3. 玻璃纤维板安装施工

施工步骤如下：

(1) 玻纤板专用胶粘剂的配制。

(2) 玻璃纤维板粘贴。

① 保温板粘贴时应先从阴、阳角和门、窗口方向上施工,即先用大板做好特殊重点部位。一般从墙拐角(阳角)处粘贴,应先排好尺寸,切割玻纤板,使其粘贴时垂直交错连接,确保拐角处顺垂且交错垂直。

② 在粘贴窗框四周的阳角和外墙阳角时,应先弹好基准线,作为控制阳角上下垂直的依据。门窗洞口四角部位的玻纤板应采用整块玻纤板裁成"L"形进行铺贴,不得拼接。

③ 门窗洞口侧边为提高抗压及抗冲击强度,采用强度较高的膨胀玻化微珠无机保温砂浆代替玻纤板做保温。

(3) 抹面胶浆的配制。先安装转角构件,使其方正,通过同一工作面的两个转角拉线确定饰线条位置。将成品构配件预留钢筋与固定完的膨胀螺栓焊接,按顺序进行拼接,接缝宽度控制在 5 mm;焊缝长度不小于连接钢筋直径的 4 倍,清除全部焊渣。焊接完毕后,所有焊点均应涂防锈漆。

(4) 第一道抹面并内置玻纤网布,搭接宽度不小于 10 cm。

(5) 锚栓固定方式及数量,需根据高寒地区特征增加锚栓数量及确定锚固方式。

(6) 抹面砂浆批涂及第二层网布填埋,严禁干网铺贴。

(7) 面层抹面砂浆批涂。

(8) 饰面施工。

7.1.5 注意事项

1. 铺贴保温板:粘贴平整度、厚度要达到设计要求,无空鼓、无开裂、无脱落,墙面平整,阴阳角、门窗洞口垂直、方正。孔洞、门窗洞、女儿墙、收缩缝需防水、防渗漏。门窗框与墙体间缝隙填塞密实。锚栓数量及其入墙深度需达到规定要求。

2. 铺贴网格布：布胶平整度要达到设计要求，防翘起、空鼓，搭接宽度要达到设计要求，特殊部位加强，无漏网现象。

3. 抹面：平整度、光洁度要达到设计要求。对抹面的厚度进行控制，墙面无明显接茬，墙面平整，门窗洞口、阴阳角垂直、方正。

7.1.6 验　　收

玻璃纤维板的检查与验收应符合《外墙外保温工程技术规程》(JGJ 144—2004)中"工程验收"的相关规定。

7.2 聚苯板+泡沫玻璃防火隔离带保温施工

7.2.1 总　　则

1. 由于目前大多数的墙体保温系统采用的有机材料保温层达不到国家消防 A 级不燃的要求，在发生火灾时就会产生（如整个墙面的倒塌、产生有毒气体等）诸多问题。在此背景下，就提出了防火隔离带的解决方案，而在诸多的防火材料中，只有泡沫玻璃才能达到既防火又保温的要求。

2. 高寒地区保温工程尤为重要，保温板材料造价占比较高，泡沫玻璃板外墙保温构造可和其他有机材料如聚苯板作保温层的外墙外保温构造组合，达到了节能经济的要求，特制定本指南。

3. 本指南主要应用于高海拔寒冷地区建筑物外墙保温施工。

4. 聚苯板外墙保温+泡沫玻璃防火隔离带的安装施工除应符合本指南外，尚应符合国家现行的有关规范和标准的规定。

7.2.2 术　　语

1. EPS 板：由可发性聚苯乙烯珠粒经加热预发泡后在模具中

加热成型而制得的具有闭孔结构的聚苯乙烯泡沫塑料板材。

2. 泡沫玻璃:由碎玻璃、发泡剂、改性添加剂和发泡促进剂等,经过细粉碎和均匀混合后,再经过高温熔化、发泡、退火而制成的无机非金属玻璃材料。

3. 基层:外保温系统所依附的外墙。

4. 防火隔离带:为阻止火灾大面积延烧,起着保护生命与财产功能作用的隔离空间和相关设施。

5. 保温层:由保温材料组成,在外保温系统中起保温作用的构造层。

6. 抹面层:抹在保温层上,中间夹有增强网,保护保温层并起防裂、防水和抗冲击作用的构造层。抹面层可分为薄抹面层和厚抹面层。用于 EPS 板和胶粉 EPS 颗粒保温浆料时为薄抹面层,用于 EPS 钢丝网架板时为厚抹面层。

7. 饰面层:外保温系统外装饰层。

8. 保护层:抹面层和饰面层的总称。

7.2.3 基本原理及适用范围

1. 泡沫玻璃的优点:(1)墙体的传热系数低,保温隔热性能佳;(2)良好的粘结性能;(3)防水抗裂性能佳;(4)良好的耐久性;(5)良好的隔声性能;(6)稳定的使用性能。

2. 聚苯板的优点:(1)墙体的传热系数低,保温隔热性能好;(2)质量轻,保温隔热性能好;(3)保温隔热层的造价相对较低,适用于高寒地区外墙面保温。

3. 利用聚苯板和泡沫玻璃防火隔离带作为外墙保温构造组合,既充分利用了泡沫玻璃良好的保温隔热、稳定不燃、无毒无害性质,又利用了聚苯板保温性能良好、质轻价廉的优点,使二者各自发挥最大优点,达到环保节能、降低造价的目的。

4. 适用于高寒地区各类建筑外墙保温工程。

7.2.4 技术工艺

1. 一般规定

(1)施工前,外墙已施工完毕,各种预埋件已安装并固定完毕,且经过验收。

(2)所用材料的产品合格证、性能检测报告齐全。

(3)进场做好验收记录。

(4)基层墙面垂直度、平整度允许偏差满足要求。

(5)EPS板是易燃产品,在施工过程中工人禁止吸烟并备好消防器材(灭火器)。

(6)五级以上大风,严禁作业。大风、大雨后应全面检查,吊篮合格后方可使用。

(7)雨季、雪天施工对外墙保温工程施工质量影响较大,其主要原因是基层含水率较大,在夏季高温和冬季低温的天气下,导致内部水冻胀或水汽压上升产生膨胀,破坏粘结层,从而造成粘结失效、保温功能破坏。因此,施工过程中必须采取一系列施工措施确保外墙保温工程施工质量。

2. 基层处理

(1)清扫、检查基面,不得有油污、浮灰等沾污物。

(2)墙面含水率≤8%,pH≤9,如有泛碱应延长养护期和采取人工淋雨清除泛碱。

(3)用2 m靠尺对墙体的平整度和垂直度进行检验,最大偏差不大于5 mm,超差部分剔凿或用干粉砂浆修补平整。

3. EPS板+泡沫玻璃安装施工

施工步骤如下:

(1)EPS板专用胶粘剂的配制。

(2)EPS板切割、粘贴。

①在外墙阴、阳角处挂垂直通线,并用水准仪找平,每面墙至少2根,要距墙尺寸一致。分段粘贴时,在开始层上弹一道水平

线,并用经纬仪在大角基层处测弹出垂直控制线,依垂直立线挂一道水平线,作为粘贴聚苯板的控制线。

②首层聚苯板满粘于外墙,其他楼层聚苯板在板面四周涂抹一圈聚合物砂浆。

③抹完粘结砂浆后,立即将板立起就位粘贴,粘贴时轻柔、均匀挤压,并随时用托线板检查垂直平整。板与板挤紧,碰头缝处不抹聚合砂浆。粘贴聚苯板要做到上下错缝,每贴完一块板,及时清除挤出的砂浆,板间不留间隙,如果出现间隙,用相应宽度的聚苯板填塞。

④阴、阳角处相邻的两墙面粘贴聚苯板要垂直交错连接,保证板材安装的垂直度。

⑤安装固定件:在贴好的聚苯板上用冲击钻钻孔,孔洞深入墙基面不小于 30 mm,每一单块(600 mm×1 200 mm)聚苯板不少于 5 个。基层为混凝土构件的,使用尼龙塑料胀管;基层为陶粒空心砌块的,使用专用锚固件。固定件数量及锚固深度根据高原地区常年风向和最大风力进行调整。

(3)防火隔离带的施工。采取胶粘剂粘贴+锚固件固定的粘、锚方式将泡沫玻璃板固定在墙体的外表面上,并以抹面砂浆为保护层,以耐碱玻纤网格布为增强层,并配以不同饰面层的薄抹灰外墙外保温作法。

(4)聚苯板打磨,确保板材错缝密拼。

(5)涂第一层抹面胶浆,平整度、垂直度达到规范要求。

(6)铺压玻璃纤维网,严禁干网直接铺贴。

(7)涂第二层抹面胶浆,覆盖玻璃纤维网,重点部位增加措施。

(8)填嵌缝膏。

(9)饰面层施工。

7.2.5 注意事项

1. 伸缩缝施工时,先在基层弹出伸缩缝位置线,施工到位时,网格布翻裹,最底层用泡沫塑料塞填,中间用发泡聚乙烯圆棒,最外层用密封膏嵌缝,密封膏镶嵌密实、饱满。

2. 门窗洞口角部的聚苯板,采用整块聚苯板切割出洞口,不得用碎(小)块拼接,铺设网格布时,在洞口四角处沿45°方向贴补一块标准网格布(200 mm×300 mm),以防止角部开裂。

3. 粘贴聚苯板的墙体必须经过检查,确认无空鼓,且平整度和垂直度符合要求后,方可进行下一步工序施工。

4. EPS聚苯板粘贴后24 h内,应避免重负荷于其表面。

7.2.6 验　　收

EPS板外墙保温+泡沫玻璃防火隔离带的检查与验收应符合《常用外墙保温材料技术规程》(DB63/T 1526—2016)中"技术要求"的相关规定。

7.3 外墙、整体式屋面、地面保温施工

7.3.1 总　　则

1. 为提高高寒地区民用建筑的节能保温,避免建筑物由于设计施工对保温节能处理不当造成的结露、返霜、透风、保温效果差而引起的抹灰层脱落,粉刷层返潮、发霉,屋面漏雨,昼夜温度波幅值大的问题,特制定本指南。

2. 本指南适用于高寒地区民用建筑外墙面外保温、整体式屋面保温、地面保温施工。

3. 高寒地区民用建筑外墙面外保温、整体式屋面保温、地面保温的施工除应符合本指南外,尚应符合国家现行的有关规范和标准的规定。

7.3.2 术　语

1. 外墙外保温系统：由保温层、保护层和固定材料（胶粘剂、锚固件等）构成并且适用于安装在外墙外表面的非承重保温构造总称。

2. 外墙外保温工程：将外墙外保温系统通过组合、组装、施工或安装,固定在外墙外表面上所形成的建筑物实体。

3. 倒置式屋面：将憎水性保温材料设置在防水层上的屋面。

4. FS复合保温板：用于EPS板与基层以及EPS板之间粘结的材料。

7.3.3　基本原理及适用范围

1. 墙体改革的研究工作,一是在结构设计上创新,使用混凝土空心砌块等墙体,在青海格尔木地区、西藏那曲地区中经实际使用,效果良好；二是新型墙体保温材料的应用,如石墨聚苯板、酚醛板、TH-200无机纤维保温材料等,较适用于高寒地区。

2. 在高寒地区由于施工周期短,施工湿作业,保温层难于干燥,因此要采取排气措施,设置排气孔道,使残余水分从预留的通道排出。倒铺保温屋面具有防止油毡老化、保温性好、易于施工、易于维修、降低造价等优点,特别易于解决卷材漏雨的通病问题,对于保温节能是大有好处的。

3. 保温地面主要是增设保温填充层,填充层厚度根据选用的填充材料经热工计算后确定。当建筑物为不采暖地下室地面时,在地下室上部设计吊顶铺岩棉保温板,可满足节能要求且防火性能也较好。当为接触室外自然地面时,应做松散的保温材料、板状或整体保温材料,如页岩陶粒、焦渣、硬质聚氨酯泡沫塑料板及憎水珍珠岩板、聚苯板等微孔复合砌块,同时还应考虑边远地区、山区的就地取材情况。

7.3.4 技术工艺

1. 一般规定

(1)FS板保温适用于剪力墙结构住宅楼或同类型结构。

(2)所用材料的产品合格证、性能检测报告齐全。

(3)进场做好验收记录。

(4)基层墙面垂直度、平整度允许偏差满足要求。

(5)屋面基层应坚固、干燥、干净(无尘土、无油污),凸起部分铲平,凹陷部分和裂缝应采用聚合物水泥砂浆抹平。

(6)基层楼地面经过工程验收达到质量标准,方可进行楼地面保温施工。基体楼地面上的脱模剂、混凝土残渣、灰土等杂物必须清理干净,楼面平整超差部分应剔凿或修补。

2. 高寒地区FS板外墙保温施工

施工步骤如下:

(1)FS板下料。

(2)安装预埋铆钉件。开孔安装铆钉件,每块保温板(600 mm × 1 200mm)平面不少于5个,根据当地常年风向和风力增加数量及确定固定措施。

①FS板安装固定:用扎丝将钢筋与保温板预埋件连接,墙内部使用常用水泥支撑,支撑住FS保温模板和外墙内模板。

②模板加固:模板支设及加固方式同普通木模板。

③螺杆洞封堵:使用PU发泡膨胀堵塞FS保温板螺栓洞。

3. 高寒地区整体式屋面保温施工

施工步骤如下:

(1)涂刷基层处理剂。

(2)找坡层施工。高原地区常用的找坡层为发泡混凝土、陶粒混凝土等材料。

(3)找平层施工。高寒地区需加强水泥砂浆找平层收面和保温养护质量。

(4)隔汽层施工。严寒地区屋面隔汽层可以有效阻止室内水蒸汽渗透到结构和保温层中。

(5)排气层施工。因高寒地区温差较大,屋面受严重冻胀、气体压力,排气层有效延长屋面使用寿命。

(6)防水层施工。SBS改性沥青和三元乙丙等材料较常用。

(7)保温层施工。

(8)保护层施工。整体面层需增加防开裂措施,块料面层优化伸缩缝。

4. 高寒地区楼地面保温施工

施工步骤如下:

(1)配制聚合物粘结砂浆,符合冻融条件。

(2)粘贴挤塑板,严格控制粘结砂浆面积,确保粘结强度。

(3)安装胀管螺丝,安装镀锌钢丝网。

(4)面层施工。

7.3.5 注意事项

1. 屋面保温女儿墙泛水部位、水落口、屋面分隔缝、排气孔、伸出屋面管道、屋面烟道、风道、阴阳角、伸缩缝等细部,需特殊处理。

2. 楼地面保温粘贴挤塑板时应用专用工具轻揉,均匀挤压挤塑板,使粘结砂浆与楼面接触紧密,并与相邻挤塑板齐平,粘结砂浆挤出时用铲刀刮平,保证粘结密实。

3. 在抹抗裂聚合物砂浆时,各工种之间应紧密配合,合理安排工序,严禁颠倒工序作业。

7.3.6 验 收

1. FS板外墙保温施工的检查与验收应符合《外墙外保温工程技术规程》(JGJ 144—2004)中"工程验收"的相关规定。

2. 整体式屋面保温施工的检查与验收应符合《屋面工程质量

验收规范》(GB 50207—2012)中"屋面工程验收"的相关规定。

3. 楼地面保温工程施工的检查与验收应符合《建筑地面工程施工质量验收规范》(GB 50209—2010)中"基层铺设、整体面层铺设"的相关规定。

7.4 无机纤维复合保温材料施工

7.4.1 总 则

1. 无机纤维复合外墙保温施工工法是一种新型的施工工艺,不同于传统的铺贴方法,其采用与抹灰施工相同的方法,适用于大多数墙体基层,有效解决了与外墙粘结和基层不平整的难点,以及施工厚度限制要求及保温性能的技术难点,方便操作,易于施工。针对高寒地区外墙保温系统,特制定本指南。

2. 本指南适用于外墙面外保温,主要应用于高海拔寒冷地区建筑物外墙保温施工。

3. 无机纤维复合外墙保温施工除应符合本指南外,尚应符合国家现行的有关规范和标准的规定。

7.4.2 术 语

无机纤维复合保温材料:由玻璃棉、岩棉、硅酸铝这几种用无机材料加温成液体,经过甩丝加工成的保温材料。

7.4.3 基本原理及适用范围

1. 采用无机纤维复合材料进行现场搅拌,该材料需在3～4 h内完成使用,采用与抹灰相同施工方法进行外墙施工,控制大角垂直度、平整度,定位准确进行放线,对窗口处进行网格布加强,铺设加强层网格布,抹面砂浆找平施工。

2. 针对高寒地区外墙保温系统具有保温隔热、密封性、可塑性、不燃性、强度高、耐候性好等特点,施工操作简便,便于保证外墙外立面效果,其节能效果较一般保温材料效果好。

3. 适用于高寒地区各类建筑外墙保温工程。

7.4.4 技术工艺

1. 一般规定

(1)无机纤维复合外墙保温施工前,外墙已施工完毕,并经过验收。

(2)所用材料的产品合格证、性能检测报告齐全。

(3)进场做好验收记录。

(4)基层墙面垂直度、平整度允许偏差满足要求。

2. 基层处理

(1)将墙表面浮灰、污垢、灰尘、空鼓清理干净,并将丝杆眼采用膨胀水泥砂浆进行封堵。

(2)放线定位控制:对于光滑墙面需涂刷界面剂,先进行放线,固定窗口四侧洞口位置,使外墙洞口保持一致,并对细部节点进行定位,对需要安装在外墙面的管道先进行预埋,固定通线。

(3)墙面浇水湿润:墙面应用喷壶自上而下浇水湿透,一般在抹灰前一天进行,每天不少于两次,墙面采用吊篮施工,需要按照吊篮长度进行分区,保证覆盖面均能湿润。

(4)用保温材料进行贴灰饼,操作时先贴上灰饼再贴下灰饼,选择好下灰饼的准确位置,点位间隔 2 m,再用靠尺板找好垂直与平整;对窗框缝隙采用聚氨酯泡沫进行填充,并用 1:2.5 水泥砂浆进行封堵后,对门窗处采用加强网进行。

(5)外墙保温要分层抹平,分层厚度宜控制在 50 mm 以内;对墙体的阴阳角及窗洞口加入 4 mm×4 mm 标准网格布增强抗冲击、侧击,在距保温层厚度的 2/3 处加一层金属六角网并与墙体上双向@500 mm 的射钉绑扎。

(6)界面剂处理墙面:按照吊篮所分区域,对于光滑的混凝土墙面,采用界面剂(108 胶掺水泥浆)进行刷浆处理,保证保温层与光滑面粘结牢固。

3. 无机纤维复合保温材料施工

(1)在墙体湿润情况下抹保温材料,一般冲完筋 2 h 左右就可以抹,既不能过早也不能过迟,抹时先薄薄抹一层,不得漏抹,要用力压使保温材料挤入细小缝隙内,接着分层装挡压实抹平至与标筋齐平,再用大木杠或靠尺板垂直水平刮找一遍,并用木抹子搓毛。

(2)然后全面进行质量检查,检查底子灰是否平整,阴阳角是否规方整洁,并用 2 m 长标尺板检查墙面垂直和平整情况,墙的阴角用阴角器上下抽动扯平,外墙抹灰刮糙,应分层抹平,两遍成活,在局部较厚的地方应分层打底压实抹平,并随手刮毛,表面要平整、垂直、粗糙,阴阳角和窗角必须垂直通顺、方正。

①在墙面连续高宽超过 6 m 处需设置保温层变形缝,保证外墙保温能够适应多种环境及结构引起的变形。

②外墙线条或排水部位必须做滴水线,内高外低,滴水线深度不得小于 10 mm,表面平整、光滑、通顺一致。

③PVC 护角、PVC 滴水施工。在外墙阴阳角处第一道抹面胶浆完成后,在抹面胶浆可操作时间范围内,从上向下按挂线把 PVC 护角粘在墙上均匀挤压,而且护角条上的网格布应同时压入胶浆内,抹面胶浆要从护角的孔中挤出,然后把多余的胶浆刮平,第二道胶浆应把护角完全埋入抹面胶浆中。

(3)饰面施工。

7.4.5 注意事项

1. 在系统终端部位(门窗洞口周边、预留洞口、女儿墙、勒脚、阳台、雨棚、变形缝等处)进行翻包处理,翻包网格布要求压入阴阳角两面均不小于 100 mm。

2. 采用吊篮进行施工,施工人员必须取得特种作业证书,施工作业中严格按照安全操作技术规程执行;施工吊篮应在每天使用前进行检查,防止安全隐患。

7.4.6 验　　收

无机纤维复合保温材料外墙保温工程的检查与验收应符合《外墙外保温工程技术规程》(JGJ 144—2004)中"工程验收"的相关规定。

8 高海拔地区防水工程施工

8.1 防水卷材施工

8.1.1 总　则

1. 技术特点：根据不同防水卷材对环境的适用性不同，有针对性地选择耐寒冷、不易拉裂、柔韧性能好的卷材，通过选择合适的卷材种类及工艺做法，提高高原寒冷地区防水施工质量，达到防水抗渗、保证建筑使用功能的目的。

2. 适用范围：高原寒冷环境下屋面、地下防水工程。

8.1.2 术　语

1. 防水层：能够隔绝水而不使水向建筑物内部渗透的构造层。

2. 附加层：在易渗漏及易破损部位设置的卷材或涂膜加强层。

3. 聚酯毡：由熔喷法等制得的聚酯超细纤维毡片。

4. 玻纤毡：无机非金属材料，由玻璃纤维原丝不定向地通过化学粘结剂或机械作用结合在一起制成的毡。

5. 相容性：相邻两种材料之间互不产生有害的物理和化学作用的性能。

8.1.3 基本原理及适用范围

1. 在众多的防水卷材种类中，通过甄别，选择适合用于高原寒冷环境下的卷材种类，采用合理科学的施工工艺做法，提高防水层在建筑物使用过程中的防水效果。

2. 主要适用于高原寒冷环境下屋面及地下防水工程。

8.1.4 技术工艺

1. SBS改性沥青防水卷材

（1）材料特性：卷材材料以聚酯毡或玻纤毡为胎基，SBS改性沥青为浸涂层，两面覆以隔离材料制成具有低温柔性较好的防水卷材。

（2）适用范围：适用于屋面（Ⅰ型、Ⅱ型）和地下（Ⅱ型）工程等作防水层。

（3）产品分类：按物理力学性能分为Ⅰ型和Ⅱ型。

（4）技术要点

①Ⅰ型的聚酯毡胎或玻纤毡胎SBS改性沥青防水卷材有一定的拉力，低温柔度较好，适用于寒冷地区屋面防水层。当采用板岩片（彩砂）或铝箔覆面的卷材作外露屋面防水层时，无需另作保护层；若采用聚乙烯膜或细砂等覆面的卷材作外露屋面防水层时，必须涂刷耐老化性能好的浅色涂料或铺设块材、抹水泥砂浆、浇筑细石混凝土等作保护层。

②Ⅱ型的聚酯毡胎SBS改性沥青防水卷材具有拉力高、延伸率大、低温柔度好、耐腐蚀、耐霉变和耐候性能优良，以及对基层伸缩或开裂变形的适应性较强等特点，适用于寒冷地区防水等级为Ⅰ、Ⅱ、Ⅲ级的屋面和地下工程作防水层。

③Ⅱ型的玻纤毡胎SBS改性沥青防水卷材具有拉力较高，尺寸稳定性和低温柔度好，耐腐蚀、耐霉变和耐候性能优良等特点，但延伸率差，仅适用于寒冷地区且结构稳定的一般建筑作屋面或地下工程的防水层。其厚度选用与聚酯毡胎SBS改性沥青防水卷材（Ⅱ型）相同。双层使用时，可采用一层玻纤毡胎和一层聚酯毡胎的SBS改性沥青卷材作复合防水层。

④卷材与涂膜复合使用时，其材性应具有相容性，且卷材宜放

在涂膜的上部；卷材与刚性材料复合使用时，刚性材料应放在上部。

(5)工艺要点

①热熔法铺贴卷材时，应采用火焰加热器均匀加热卷材，当表面开始熔融至光亮黑色现象时，可立即滚铺卷材，以卷材边缘溢出均匀的沥青胶为度，使其搭接缝粘牢封严。厚度小于3 mm的卷材，严禁采用热熔法施工。

②热粘法铺贴卷材时，宜用导热油加热熔化改性沥青，加热温度不应高于200 ℃，使用温度不应低于180 ℃，粘贴卷材的沥青胶厚度宜为1～1.5 mm，并应随刮涂随滚铺卷材，使其展平、粘牢、封严。

2. APP(APAO)改性沥青防水卷材

(1)材料特性：以聚酯毡或玻纤毡为胎基，APP改性沥青为浸涂层，两面覆以隔离材料制成具有耐热度较高的防水卷材。

(2)适用范围：适用于屋面(Ⅰ型、Ⅱ型)和地下(Ⅱ型)工程作防水层。

(3)产品分类：按物理力学性能分为Ⅰ型和Ⅱ型。

(4)技术要点

①Ⅰ型的聚酯毡胎或玻纤毡胎APP(APAO)改性沥青防水卷材具有耐热度较高和耐腐蚀、耐霉变等性能，但低温柔度较差，适用于非寒冷地区作一般建筑工程的屋面防水层。其他要求与Ⅰ型SBS卷材的内容相同。

②Ⅱ型的聚酯毡胎APP(APAO)改性沥青防水卷材具有拉力高、延伸率大、耐热度好，耐腐蚀、耐霉变和耐候性能优良，低温柔度较好，以及对基层伸缩或开裂变形的适应性较强等特点，适用于一般和较寒冷或较炎热地区且防水等级为Ⅰ、Ⅱ、Ⅲ级的屋面、地下或道桥工程作防水层。其他要求与Ⅱ型聚酯毡胎SBS改性沥青防水卷材的内容相同。

③Ⅱ型的玻纤毡胎APP(APAO)改性沥青防水卷材具有拉力

较高、尺寸稳定性和耐热度好、耐腐蚀、耐霉变、低温柔度较好和耐候性优良等特点,但无延伸率,适用于一般和较寒冷地区且结构稳定的一般工程作屋面或地下工程的防水层。其他要求与Ⅱ型 SBS 卷材的内容相同。

(5)工艺要点

①热熔法铺贴卷材时,应采用火焰加热器均匀加热卷材,当表面开始熔融至光亮黑色现象时,可立即滚铺卷材,以卷材边缘溢出均匀的沥青胶为度,使其搭接缝粘牢封严。厚度小于 3 mm 的卷材,严禁采用热熔法施工。

②热粘法铺贴卷材时,宜用导热油加热熔化改性沥青,加热温度不应高于 200 ℃,使用温度不应低于 180 ℃,粘贴卷材的沥青胶厚度宜为 1~1.5 mm,并应随刮涂随滚铺卷材,使其展平、粘牢、封严。

3. 自粘聚合物改性沥青聚酯胎防水卷材

(1)材料特性:以聚合物改性沥青为基料,采用聚酯毡为胎体,粘贴面背面覆以防粘材料制成的增强自粘防水卷材。

(2)适用范围:聚乙烯膜面和细砂面自粘聚酯胎卷材适用于非外露防水工程,铝箔面自粘聚酯胎卷材可用于外露防水工程,1.5 mm 厚自粘聚酯胎卷材仅用于辅助防水。

(3)产品分类:按物理力学性能分为Ⅰ型和Ⅱ型。

(4)技术要点

①Ⅰ型的自粘聚酯胎卷材本身具有自粘合的功能,施工简便,容易形成全封闭的整体防水层。该卷材还具有低温柔性好、延伸率较大、对基层伸缩或开裂变形的适应性较强和一定的自愈合功能等特点,但以塑料膜或细砂为覆面的卷材耐热度较低,仅适用于一般及中档建筑的地下工程和设有刚性保护层的屋面作防水层。单层使用时,厚度不应小于 3 mm;二道及二道以上设防时,每层卷材厚度不应小于 2 mm。当采用铝箔覆面的卷材作屋面防水层时,可直接外露而不需另做保护层。1.5 mm 厚的聚乙烯膜面与细砂

面自粘聚酯胎防水卷材仅用作辅助防水。

②Ⅱ型的自粘聚酯胎卷材性能与Ⅰ型卷材基本相同,但其拉力较大,低温柔性更好,适用于寒冷地区地下工程和设有刚性保护层的屋面作防水层。

③当用于地下工程时,应满足水蒸气透湿率$\leqslant 5.7\times 10^{-9}$g/($m^2\cdot s\cdot Pa$)的要求。

(5)工艺要点

①采用自粘法铺贴卷材时,基层应干净、干燥,在涂刷基层处理剂并干燥后,应及时铺贴卷材,铺贴过程中应将自粘胶底面的隔离纸完全撕净,再铺贴在基层表面,然后用压辊滚压粘牢。铺贴的卷材应平整顺直,不得有扭曲和皱折现象,其搭接宽度不应小于60 mm。低温施工时,立面、大坡面及搭接部位宜采用热风机加热,加热后随即粘牢封严。

②采用湿铺法铺贴卷材时,可在坚实、洁净、潮湿而无明水的表面铺抹10~20 mm厚水泥砂浆或5 mm左右的素水泥浆,紧接着铺贴刚撕去隔离纸的自粘卷材,卷材与卷材之间应平行对接,再拍打卷材表面、提浆,排除卷材下表面的空气,使其与砂浆紧密粘结。对卷材接缝口应先以专用密封胶填充,再骑缝粘贴120 mm宽的自粘封口条,粘贴前应将封口条和卷材接缝处上表面的隔离纸撕净,即可将其粘贴滚压粘牢封严。

4. 改性沥青聚乙烯胎防水卷材

(1)材料特性:以改性沥青为基料,以高密度聚乙烯膜为胎体,以聚乙烯膜或铝箔为上表面覆盖材料,经滚压、水冷成型制成的防水卷材。

(2)适用范围:适用于工业与民用建筑的防水工程,上表面覆盖聚乙烯膜的卷材仅适用于非外露防水工程;上表面覆盖铝箔的卷材适用于外露防水工程。

(3)技术要点

①PEE类防水卷材适用于一般及较寒冷地区建筑工程非外露

屋面与地下工程。其厚度选用同 SBS 改性沥青防水卷材。

②PEAL 防水卷材适用于不上人外露屋面作防水层。

（4）工艺要点

①热熔法铺贴卷材时,应采用火焰加热器均匀加热卷材,当表面开始熔融至光亮黑色现象时,可立即滚铺卷材,以卷材边缘溢出均匀的沥青胶为度,使其搭接缝粘牢封严。厚度小于 3 mm 的卷材,严禁采用热熔法施工。

②热粘法铺贴卷材时,宜用导热油加热熔化改性沥青,加热温度不应高于 200 ℃,使用温度不应低于 180 ℃,粘贴卷材的沥青胶厚度宜为 1~1.5 mm,并应随刮涂随滚铺卷材,使其展平、粘牢、封严。

5. 改性三元乙丙橡胶（TPV）防水卷材

（1）材料特性：以三元乙丙橡胶为主体,掺入适量的聚丙烯树脂,采用动态全硫化的生产技术进行改性,制成热塑性全交联的弹性体为原料,经挤出压延工艺加工制成的卷材称为改性三元乙丙橡胶（TPV）防水卷材（以下简称 TPV 防水卷材）。

（2）适用范围：适用于耐久性、耐腐蚀性、耐根穿刺性和对抗变形要求高,防水等级为Ⅰ、Ⅱ级的屋面和地下工程作防水层。

（3）技术要点

①TPV 防水卷材具有拉伸强度高,耐老化性能好,接缝可采用焊接法施工,其质量更有保证,而且伸长率大,对基层伸缩或开裂变形的适应性强等特点,适用于耐久性、耐腐蚀性和适应变形要求高,防水等级为Ⅰ、Ⅱ级的屋面或地下以及各种蓄水池等工程作防水层。

②该卷材为烯烃聚合物,不含增塑剂和其他有害成分,具有环保、可再生利用以及可焊接等特性,其接缝可采用单或双缝焊接机焊接,接缝质量可靠。

③卷材的耐磨性、抗疲劳性及耐穿刺性能优良,且具有各种颜色,故可在需要有饰面要求的外露屋面作防水层,并可用于种植屋

面作耐根系穿刺的防水层。

(4)工艺要点

①根据设计要求,卷材与基层之间既可用满粘法也可用机械固定或空辅法施工。

②卷材防水层的接缝既可采用单缝焊接,也可采用双缝焊接,便于接缝焊(粘)接牢固,封闭严密。

③采用粘贴施工时,必须选用与其配套专用的胶粘剂。

6. 氯化聚乙烯橡胶共混防水卷材

(1)材料特性:以氯化聚乙烯树脂和适量的丁苯橡胶为主要原料,加入多种化学助剂,经密炼、过滤、挤出成型和硫化等工序加工制成的防水卷材。

(2)适用范围:适用于防水等级为Ⅰ、Ⅱ、Ⅲ级的普通屋面和地下工程作防水层。

(3)技术要点:卷材具有耐高、低温性能较好,拉伸强度较高,延伸率较大,对基层伸缩或开裂变形的适应性较强等特点,适用于一般和寒冷地区作屋面或地下工程的防水层。

(4)工艺要点

①基层表面应干净、干燥并经涂刷专用的基层处理剂后,在基层和卷材底面均匀涂刷专用的基层胶粘剂,待胶膜手触基本不粘时即可铺设卷材。

②铺设卷材不得皱折,也不得拉伸卷材,并排除卷材下面的空气,滚压粘贴牢固。

③在干净的卷材搭接面均匀涂刷与其配套的接缝专用胶粘剂,待胶膜手触基本不粘时,即可进行粘合并滚压粘牢。

8.1.5 注意事项

1. 根据不同的防水施工环境及防水等级选择合适的防水卷材种类。

2. 施工前需对基层进行验收并进行工序交接,基层必须坚实、平整。

3. 由于高原地区紫外线较强,卷材施工完成后需及时进行保护层施工,避免阳光直射损伤卷材。

8.2 防水涂料施工

8.2.1 总 则

1. 技术特点:根据高原寒冷环境的气候特点选择合适的涂膜防水材料,采用科学、合理的施工做法,提高高原寒冷地区涂膜防水施工质量,达到防水抗渗、保证建筑使用功能的目的。

2. 适用范围:高原寒冷环境下屋面、厕浴间、地下工程防水抗渗。

8.2.2 术 语

1. 单组分:由定量成分确定的物质,其中主要成分的含量(质量分数)至少为80%。

2. 预聚体:又名预聚物,单体经初步聚合而成的物质。在逐步聚合初期,由于投料比例特定体系中的单体不能反应生成大分子,而是生成分子量较小的物质,一般是2个、3个等单体反应生成的称之为预聚体。

3. 延伸率:材料在拉伸断裂后,总伸长与原始标距长度的百分比。

4. 迎水面:在地下水位以下或水下有水压力作用在混凝土结构面上的部位称为迎水面。

8.2.3 基本原理及适用范围

1. 选择适用于高原寒冷环境下的防水涂料种类,通过现场刷、刮、抹、喷于基层,固化形成具有防水能力的涂膜,工艺简单,对于不规则基层及潮湿基层便于施工,防水效果好。

2. 适用于高原寒冷环境下屋面、厕浴间、地下工程防水抗渗。

8.2.4 技术工艺

防水涂料按成膜类型分为有机防水涂料、无机防水涂料和有机—无机复合防水涂料。有机防水涂料包括合成高分子防水涂料和高聚物改性沥青防水涂料。

1. 单组分聚氨酯防水涂料(S型)

(1)材料特性

①单组分聚氨酯防水涂料是由二异氰酸酯、聚醚等经加成聚合反应而成的含异氰酸酯基的预聚体,配以催化剂、无水助剂、无水填充剂、溶剂等经混合等工序加工制造而成的。

②分类:按物理力学性能分为Ⅰ、Ⅱ两类。

(2)适用范围

适用于防水等级为Ⅲ、Ⅳ级的非外露屋面防水工程;防水等级为Ⅰ、Ⅱ级的屋面多道防水设防中的一道非外露防水层;地下工程防水设防中防水等级为Ⅰ、Ⅱ、Ⅲ级工程的一道防水层以及厕浴间防水。

(3)技术要点

①该涂料为反应固化型涂料,固化后具有聚氨酯橡胶的高强度、高延伸率和高弹性,耐水性能优秀,对基层适应能力强,宜用于结构主体的迎水面防水。

②防水等级Ⅰ、Ⅱ级的地下工程结构的迎水面以及垂直面的防水设防,应优先选用产品性能达到Ⅱ类指标的产品。Ⅰ~Ⅲ级的屋面防水和厕浴间的防水工程以及用于水平面防水时,应优先选用Ⅰ类指标的产品。

③适用于结构主体的迎水面,不得用于背水面防水。

④用于屋面或地下工程防水时,成膜厚度必须符合规范和设计要求。单层使用时涂膜厚度不应小于 2.0 mm;双层使用时每层厚度不应小于 1.5 mm。

(4)施工要点

①基层应干燥、干净,无空鼓、起砂和裂缝等现象。

②当采用涂刮施工时,每遍涂刮的推进方向宜与前一遍相互垂直。

③在涂层间夹铺胎体增强材料时,位于胎体下面的涂层厚度不宜小于 1 mm,最上层的涂层不应少于两遍,其厚度不应小于 0.5 mm。

④严禁在雨天、雪天施工;五级及其以上大风时不得施工;涂料施工环境气温宜为 -15 ℃ ~35 ℃。

2. 涂刮型聚脲防水涂料

(1)材料特性

该涂料是一种新型的无溶剂、无挥发物、含固量99% 的单组分或多组分(甲组分、乙组分、丙组分)防水涂料。

(2)适用范围

适用于防水等级为Ⅰ、Ⅱ级的屋面多道防水设防中的一道防水层;防水等级为Ⅲ、Ⅳ级的屋面。地下工程中防水等级为Ⅰ、Ⅱ级的多道防水设防中的一道防水层;外墙防水工程和厕浴间防水工程;还可用于新建及翻修防水工程。

(3)技术要点

①可在干燥、潮湿的基层和潮湿环境下施工,但在施工时宜选择相适应的涂料。

②施工温度不宜低于 -15 ℃。

③单层使用时,涂膜厚度为 1.2 ~1.5 mm。

(4)工艺要点

①基层应干燥、干净,无空鼓、起砂和裂缝等现象。

②当采用涂刮施工时,每遍涂刮的推进方向宜与前一遍相互垂直。

③严禁在雨天、雪天施工;五级及其以上大风时不得施工。

3. 高渗透改性环氧防水涂料(KH-2)

(1)材料特性

以改性环氧为主体材料并加入多种助剂制成且具有高渗透能力的双组分防水涂料。

(2)适用范围

适用于防水等级为Ⅰ、Ⅱ级的屋面及地下防水工程的防水混凝土及厕浴间的混凝土,涂刷渗入后与基底形成厚度 2 mm 以上的防渗层,起到防渗和提高混凝土强度(30% 以上)的双重作用。

(3)技术要点

①可提高混凝土基层的防水、防渗。用于屋面防水工程时,应涂刷在防水混凝土面层上,不能单独作为一道防水层。

②可在潮湿基面(无明水)施工,表面不需做保护层。

(4)工艺要点

①基层应干净,无空鼓等缺陷。

②涂料应按配合比准确计量,搅拌均匀,已配成的多组分涂料应及时使用。

③严禁在雨天、雪天施工;五级及其以上大风时不宜施工。

4. 水泥基渗透结晶型防水涂料

(1)材料特性

以水泥、石英粉等为主要基材,并掺入多种活性化学物质的粉状材料,经与水拌和调配而成的有渗透功能的无机型防水涂料。按物理力学性能分为Ⅰ、Ⅱ两类。

(2)适用范围

适用于防水等级为Ⅰ、Ⅱ级的混凝土结构屋面多道防水设防中的一道防水层;也可用于防水等级为Ⅰ、Ⅱ级屋面的防水混凝土表面起增强防水和抗渗作用,但不作为一道防水涂层。

(3)技术要点

①适用于迎水面及背水面防水施工。

②也可用于地下防水工程等长期泡水部位。

③当用于地下防水工程时,尚应满足《地下防水工程质量验收规范》(GB 50208—2011)的要求。

④涂料厚度应不小于 1.0 mm,用量应不小于 1.4 kg/m²。

⑤用作屋面防水时,只用于提高刚性防水混凝土的防水、抗菌素渗性能,不能单独作为一道防水层。

(4)工艺要点

①基层应平整、干净,无空鼓、起砂和裂缝等现象。

②应有专人配料,计量应准确,搅拌应均匀,不得混入已固化或结块的材料。

③严禁在雨天、雪天施工;五级及其以上大风时不得施工。

8.2.5 注意事项

1. 当选择不同种类的涂膜防水涂料时,应根据其特性涂刷在正确的防水面上。

2. 涂膜施工完成后应进行厚度检测,保证涂层厚度满足要求。

3. 当采用涂刮施工时,每遍涂刮的推进方向宜与前一遍相互垂直。

8.3 刚性防水层施工

8.3.1 总 则

1. 技术特点:通过调整混凝土、砂浆配合比,同时在其中加入适量防水外加剂或表面刮涂渗透结晶材料,依靠提高结构构件自身密实性、防水性以达到建筑物的防水目的,提高结构自身防水能力,从结构体自身上减少渗漏隐患。

2. 适用范围:地下防水工程,屋面结构构件防水。

8.3.2 术　语

1. 钢纤维:以切断细钢丝法、冷轧带钢剪切、钢锭铣削或钢水快速冷凝法制成长径比为 40~80 的纤维丝。

2. 合成纤维:把人工合成的、具有适宜分子量并具有可溶(或可熔)性的线型聚合物,经纺丝成型和后处理而制得的化学纤维。

3. 孔隙率:散粒状材料表观体积中材料内部的孔隙占总体积的比例。

8.3.3 基本原理及适用范围

1. 通过调整混凝土、砂浆配合比或添加外加剂、刮涂渗透结晶材料,增强混凝土自身密实性和不透水性,切断混凝土或砂浆内毛细透水孔道,从而达到防水效果。

2. 高原寒冷环境下屋面、厕浴间、地下工程防水抗渗。

8.3.4 技术工艺

1. 防水混凝土

（1）材料特性

防水混凝土是通过调整配合比或在普通混凝土中掺入少量防水外加剂、掺合料或钢纤维、合成纤维等,精心施工与养护,抑制或减少混凝土内部的孔隙率,改变其孔隙特征,加大其界面的密实性,从而达到防水的目的。防水混凝土主要由水泥、石子、砂子、水和外加剂或掺合料组成。根据结构所需的抗渗等级和防裂要求配制。

（2）适用范围

地下室、后浇带、屋面。

（3）技术要点

防水混凝土应通过调整配合比,掺加外加剂、掺合料配制而成,抗渗等级不得小于 P6。

(4)施工要点

①防水混凝土的抗渗等级应按地下工程埋置深度确定。

②地下工程防水混凝土的施工配合比应通过试验确定,抗渗等级应比设计要求提高一级(0.2 MPa)。

③地下工程防水混凝土结构应符合下列规定:

a. 结构厚度不应小于 250 mm。

b. 裂缝宽度不得大于 0.2 mm,并不得贯通。

c. 迎水面钢筋保护层厚度不应小于 50 mm,其允许偏差为 ±10 mm。

d. 防水混凝土使用的水泥强度等级不应低于 32.5 级。

e. 每立方米防水混凝土中各类材料的总碱量(Na_2O 当量)不得大于 3 kg。

④防水混凝土水泥品种的选择

a. 普通硅酸盐水泥:适用于一般及受冻融作用和干湿交替作用的地下工程防水混凝土,不适用于有硫酸盐地下侵蚀的防水混凝土。

b. 火山灰质硅酸盐水泥:适用于有硫酸盐侵蚀介质的地下工程防水混凝土,不适用于受反复冻融及干湿交替作用的地下工程防水混凝土。

c. 矿渣硅酸盐水泥:可用于一般地下工程防水混凝土,但必须采取提高水泥磨细度或掺外加剂办法减少或消除泌水现象。

2. 防水砂浆

(1)材料特性

有掺外加剂、掺合料的防水砂浆及聚合物水泥防水砂浆。产品按聚合物改性材料的状态分为干粉类(Ⅰ类)和乳液类(Ⅱ类)。

(2)适用范围

①适用于混凝土或砌体结构的基层上,不适用于环境有侵蚀性、持续振动或温度高于 80 ℃的工程。

a. 掺外加剂、掺合料水泥砂浆:适用于地下室、卫生间等防水工程作复合防水层。

　　b. 聚合物水泥防水砂浆:适用于地下室和卫生间等工程作防水层,也可用于外墙面作防水层。

　　②适用于地下工程主体结构的迎水面和背水面。

　　(3)技术要点

　　①水泥品种应按抗渗要求选用,其强度等级不应低于32.5级。

　　②宜采用中砂,含泥量不得大于1%。

　　③应采用不含有害物质的洁净水。

　　④聚合物乳液的外观质量应无颗粒、异物和凝固物,固体含量应大于35%。

　　⑤外加剂的技术性能应符合国家或行业标准一等品及以上的质量要求。

　　(4)施工要点

　　①水泥砂浆的品种和配比设计,应根据防水工程的抗渗要求确定。

　　②聚合物水泥砂浆防水层厚度,单层施工宜为6~8 mm,双层施工宜为10~12 mm;掺外加剂、掺合料等的水泥砂浆防水层厚度宜为18~20 mm。

　　③防水砂浆各层之间必须粘结牢固,无空鼓现象。施工缝留茬位置应正确,接茬应按层次顺序操作,层层搭接紧密。防水层的平均厚度应符合设计要求,最小厚度不得小于设计值的85%。

　　3. 水泥基渗透结晶型防水材料

　　(1)材料特性

　　水泥基渗透结晶型防水材料是一种刚性防水材料。与水作用后,材料中含有的活性化学物质通过载体向混凝土内部渗透,在混凝土中形成不溶于水的结晶体,堵塞毛细孔道,从而使混凝土致密、防水。水泥基渗透结晶型防水材料分为防水涂料和防水剂两种。水泥基渗透结晶型防水涂料是一种粉状材料,经与水拌和可调配成刷涂或喷涂在水泥混凝土表面的浆料；亦可将其以干粉撒覆并压入未完全凝固的水泥混凝土表面。水泥基渗透结晶型防水剂是一种掺入混凝土内部的粉状材料。

（2）适用范围

混凝土结构构件表面及砂浆面层表面等地下防水工程防水抗渗。

（3）技术要点

①水泥基渗透结晶型防水材料中所含活泼化学物质对水有很强的亲合力，这种材料见水后促使混凝土进一步水化成纤维状晶体，使混凝土和砂浆中的空隙被堵塞。

②对基层表面平整度要求不高。

③施工操作工艺简单，可用刮板刮抹或用铁抹子抹压至规定厚度。

④对混凝土、钢筋、水泥砂浆无任何腐蚀作用，对动植物无毒、无害。

⑤水泥基渗透结晶型防水材料仅适用于混凝土和水泥砂浆防水。

⑥水泥基渗透结晶型防水材料是一种刚性防水材料，不能在变形较大的工程中使用。

（4）施工要点

①采用刮板刮涂、毛刷涂覆、抹子抹涂等多种方法施工。

②以施工两遍为宜，两层涂料的施工方向应相互垂直。

③当施工受限制时，可以采用干撒法，用量应适当增加。

④水泥基渗透结晶型防水涂料应按照混凝土构件的养护方法进行养护。严禁施工后干涸、脱水。

8.3.5 注意事项

1. 调整混凝土及砂浆配合比应注意不影响强度等级要求。
2. 混凝土防水等级应根据结构体埋深深度及地下水压力选

择相对应的抗渗等级。

3. 水泥基结晶型防水涂料在施涂时应注意刮涂方向,两遍应垂直刮涂。

4. 刚性防水应注意养护的持续时间,防止构件因脱水而失去防水效果。

8.4 防渗堵漏

8.4.1 总 则

1. 技术特点:采用压力注浆技术,施工方便,可操作性强,堵漏效果好,对原结构损伤小。

2. 适用范围:混凝土结构构件由于存在裂缝或孔隙引起的抗渗堵漏。

8.4.2 术 语

1. 水玻璃:俗称泡花碱,是一种水溶性硅酸盐,其水溶液俗称水玻璃,是一种矿黏合剂。

2. 混凝土孔隙:包括混凝土生产过程形成的各种弊病、变形、温度收缩引起的裂缝以及各种原因产生的内部裂缝,混凝土水化硬结过程形成的各种大小孔径的孔隙等。

8.4.3 基本原理及适用范围

1. 采用注浆材料通过压力注入混凝土泥土结构的裂隙或孔隙中,发泡膨胀、渗透,填充混凝土中的裂隙、孔隙,形成不溶于水的固体,起到堵水、止水作用,使建筑物满足防水抗渗的目的,达到建筑使用功能的要求。

2. 适用于混凝土结构构件裂缝及细小孔隙引起的防渗堵漏。

8.4.4 技术工艺

1. 材料特性

注浆材料通过压力注入混凝土结构的裂缝或孔隙中,浆液遇水即反应,水参与反应,浆液不会被水稀释冲走,浆液在压力作用下,同时向缝隙周围渗透,继续渗入混凝土缝隙,最终形成网状结构,成为密度小、含水的弹性体,有良好的适应变形能力,止水性好。注浆材料分为无机系和有机系。无机系常用的有单液水泥浆、水泥—水玻璃浆、水玻璃等;有机系为化学类浆液,主要有丙烯酰胺类和聚氨酯类。

2. 材料要求

选择注浆材料应符合以下要求:

(1)注浆液配比应经现场试验确定。

(2)浆液黏度低,流动性好,可注性好,能注入混凝土裂缝、孔洞中。

(3)浆液凝固时间可以调节控制,当凝固时能迅速完成。

(4)稳定性好,常温下不改变性质,且无毒,不易燃烧。

(5)对注浆设备、橡胶制品的管路应无腐蚀性,且容易清洗。

(6)浆液固结时无收缩现象,固化后与混凝土或岩石有一定的粘结性能。

(7)固结后的混凝土层或岩(土)层有一定的抗压强度,且不受温、湿度变化的影响。

3. 技术要点

(1)对灌浆机具、器具及管子在灌浆前应进行检查,运行正常方可使用。接通管路,打开所有灌浆嘴上的阀门,用压缩空气将孔道及裂缝吹干净。

(2)根据裂缝区域大小,可采用单孔灌浆或分区群孔灌浆。在一条裂缝上灌浆可由一端到另一端。

(3)灌浆时应待下一个排气嘴出浆时立即关闭转芯阀,如此顺序进行。化学浆液的灌浆压力常用 0.2~0.4 MPa。

(4)待缝内浆液达到初凝而不外流时,可拆下灌浆嘴,再用结构胶泥封闭。

(5)灌浆结束后,应检查灌浆质量,发现缺陷及时补救。

4. 施工要点

(1)灌浆前裂缝表面处理。清除裂缝表面的灰尘、浮渣及松散层等污物,然后再用毛刷蘸酒精、丙酮等有机溶剂,把裂缝两侧 30~50 mm 处擦洗干净并保持干燥。

(2)埋设灌浆嘴。在裂缝交叉处、较宽处、端部裂缝贯穿处埋设灌浆嘴。埋设间距:短缝为 300~500 mm;长缝为 500~800 mm。

(3)埋设时,先在灌浆嘴的底部抹一层厚约 2 mm 的结构胶将灌浆嘴的进浆孔骑缝粘贴在预定位置上。

(4)结构胶封缝。沿裂缝(在裂缝两侧 30~50 mm)抹一层厚约 1~2 mm 的结构胶。抹胶时应防止小孔和气泡,要刮平整,保证封闭可靠。

(5)裂缝封闭后进行压气试漏,检查密封效果。试漏需待结构胶有一定强度后再进行。

8.4.5 注意事项

1. 注浆液配比应经现场试验确定。
2. 注浆完成后应待浆液完全固化后方可拔除注浆嘴。
3. 注浆完成后应采用结构胶密封材料对注浆孔眼进行封堵。
4. 浆液一次配置数量需以浆液的凝固时间及进浆速度来确定,以免造成浪费。

9 高海拔地区装饰装修施工

9.1 砌筑工程施工

9.1.1 总 则

1. 青藏高原平均海拔在 4 000 m 以上,气候总体特点为:辐射强烈,日照多,气温低,气温随温度和纬度的升高而降低,昼夜温差较大。高原砌体结构裂缝是比较常见的质量问题,根据多年施工经验,为防治高原砌体结构裂缝,特制定本指南。

2. 本指南适用于高原地区砌筑工程,主要应用于高原地区建筑物内墙及外墙砌筑施工。

3. 高原地区砌筑工程施工除应符合本指南外,尚应符合国家现行的有关规范和标准的规定。

9.1.2 术 语

1. 砌体结构:由块体和砂浆砌筑而成的墙、柱作为建筑物主要受力构件的结构,是砖砌体、砌块砌体和石砌体结构的统称。

2. 配筋砌体:由配置钢筋的砌体作为建筑物主要受力构件的结构,是网状配筋砌体柱、水平配筋砌体墙、砖砌体和钢筋混凝土面层或钢筋砂浆面层组合砌体柱(墙)、砖砌体和钢筋混凝土构造柱组合墙和配筋小砌块砌体剪力墙结构的统称。

3. 蒸压加气混凝土砌块专用砂浆:与蒸压加气混凝土性能匹配的,能满足蒸压加气混凝土砌块施工要求和砌体性能的砂浆,分为适用于薄灰砌筑法的蒸压加气混凝土砌块粘结砂浆、适用于非薄灰砌筑法的蒸压加气混凝土砌块砌筑砂浆。

4. 芯柱：在小砌块墙体的孔洞内浇灌混凝土形成的柱，有素混凝土芯柱和钢筋混凝土芯柱。

9.1.3 基本原理及适用范围

1. 当有温度变形产生的斜裂缝，确认斜裂缝为温度变形裂缝时，一般不作结构性修补，而仅作恢复建筑功能的局部修补。

2. 当有温度变形产生的水平裂缝，一般水平裂缝可不作结构性处理，仅作建筑功能的局部处理，经过一段时间的观察待到变形基本稳定后，采用封闭保护、外墙防渗漏的方法处理。

3. 当有温度变形产生的竖向裂缝，如裂缝超过《危险房屋鉴定标准》(JGJ 125—2016)的规定，必须研究加固处理方案，经设计或危房鉴定认可后，方可加固处理，并确保安全。经过检查，裂缝长度和宽度小于上述标准规定时，可根据不同的宽度参照有关要求处理。

4. 如有因地基沉降导致的裂缝，多因冻土引起的现象较为突出。要全面检查裂缝的冻害原因及被破坏情况。裂缝的宽度、长度、数量没有危及房屋使用安全时，可采用加固补强方法处理。如因外来水的影响，需补建截水沟或拦水墙，截断水源，同时修建排水沟，及时排除积水。

5. 适用于高寒地区砌筑工程。

9.1.4 技术工艺

1. 一般规定

(1) 所用材料的产品合格证、性能检测报告齐全。

(2) 进场做好验收记录。

(3) 混凝土过梁支座长度应不小于 250 mm，当支座长度小于 250 mm 时，应在钢筋混凝土竖向构件的相应位置预留连接钢筋。

(4) 施工钢筋混凝土构造柱时，应先砌筑填充墙，再浇捣构造柱,构造柱纵筋上下端均应锚入结构楼面梁内。

(5)填充墙与构造柱连接处应砌成马牙槎,先退后进,进退长度不小于100 mm,沿连接面全高范围内每间隔600 mm 高设置拉结筋2ϕ6,并设180°弯钩,与构造柱筋绑扎牢固,拉结筋伸入填充墙内长度$L \geqslant 1\ 000$ mm。温差较大地区设置通长墙拉筋,防止产生温度裂缝。

(6)填充墙与混凝土墙、柱连接时,应沿连接面全高布置拉结筋2ϕ6@600,拉结筋伸入填充墙长度不应小于填充墙总长度的1/5,且不小于700 mm。

(7)砌体填充墙高度大于4 m且墙厚不小于180 mm时,应设置全长贯通的水平系梁,圈梁距离结构面标高2 m;砌体填充墙高度大于3 m且墙厚小于180 mm时,应设置全长贯通的水平系梁,圈梁距离结构面标高2 m。

(8)砌体填充墙长度大于5 m时,墙顶与梁底宜设置拉结筋。

2. 基层处理

对基层不平的现象可采取剔凿或补抹砂浆的措施,楼板表面的浮浆必须凿除清理,待基层清理干净后要及时进行抄平放线工作。

3. 砌体施工

施工步骤如下:

(1)定位放线。

(2)立皮数杆或利用混凝土墙作皮数杆。

(3)墙底混凝土坎台施工。

(4)墙体砌筑。

(5)灰缝勾缝。

(6)构造柱施工。

(7)构造柱的竖向受力钢筋,绑扎前必须做除锈、调直处理。构造柱的竖向受力钢筋需接长时,采用绑扎接头。

(8)构造柱钢筋绑完后,应先砌墙,在构造柱处留出马牙槎,再浇筑构造柱混凝土。

（9）过梁、联系梁施工。

（10）顶砖砌筑。

9.1.5　注意事项

1. 构造柱模板必须在各层墙砌好后,待砌筑砂浆强度大于1 MPa 时,方可分层支设；构造柱和圈梁的模板都必须与所在砌体墙面严密贴紧,支撑牢靠,堵塞缝隙,以防漏浆。

2. 在浇筑构造柱混凝土前,必须将砌体墙和模板浇水湿润,并将模板内的砂浆残块、砖渣等杂物清理干净。

3. 在砌完一层墙后和浇筑该层构造柱混凝土前,及时对已砌好的独立墙体加设稳定支撑,必须在该层构造柱混凝土浇捣完毕后,才能进行上一层的施工。

4. 高原地区常年温差较大,砌体构造措施需满足抗震和抗温度变形要求,温差非常大的地区,砌体面层抹灰增加网格布以防止面层开裂问题。

9.1.6　验　　收

高原砌体工程的检查与验收应符合《砌体结构工程施工质量验收规范》（GB 50203—2011）中"配筋砌体"的相关规定。

9.2　外墙装饰混凝土劈裂砌块施工

9.2.1　总　　则

1. 随着我国混凝土砌块生产应用技术的发展,装饰混凝土砌块在建筑工程、市政工程、水利工程等领域越来越被开发、设计、施工单位所重视,发展速度日益加快。外墙装饰混凝土劈裂砌块断面所特有的纹理、凹凸形貌,经采用清水墙砌筑,形成的砌体饰面具有藏式等独特的风格,是任何其他装饰材料所无法替代的。为提高高寒地区外墙装饰混凝土劈裂砌块施工质量,做到经济合理、安全可靠,特制定本指南。

2. 本指南适用于外墙装饰混凝土劈裂砌块施工,主要应用于高海拔寒冷地区建筑物装饰装修工程。

3. 外墙装饰混凝土劈裂砌块的施工除应符合本指南外,尚应符合国家现行的有关规范和标准的规定。

9.2.2 术 语

1. 劈裂砌块:具有一定强度,用劈离机沿特定面劈开为两部分,劈开的表面带有纹理并呈凹凸形貌的砌块。

2. 产品龄期:烧结砖出窑;蒸压砖、蒸压加气混凝土砌块出釜;混凝土砖、混凝土小型空心砌块成型后至某一日期的天数。

3. 预拌砂浆:由专业生产厂生产的湿拌砂浆或干混砂浆。

9.2.3 基本原理及适用范围

1. 劈裂混凝土装饰砌块以其独特的纹理和丰富的色彩在国外已成为广受欢迎的外墙面装饰材料。其装饰效果古朴、大方,色彩稳定持久,价格却比蘑菇石等装饰材料低得多。在青藏高原地区,劈裂砌块越来越多地出现在商业和住宅建筑上,有着良好的发展前景,在高海拔寒冷地区保温工程中较为常用。

2. 适用于高寒地区各类建筑外墙装饰工程。

9.2.4 技术工艺

1. 一般规定

(1)所用材料的产品合格证、性能检测报告齐全;材料进场做好验收记录。

(2)清水墙组砌正确,灰缝通顺,勾缝深度适宜、一致,棱角整齐,墙面清洁美观。

(3)变形缝设置间距不大于12 m,缝宽25 mm。

(4)平整度偏差不大于 2 mm,垂直度偏差不大于 2 mm,缝宽偏差不大于 2 mm。

2. 基层处理

(1)对基层不平的现象可采取剔凿或补抹砂浆的措施,楼板表面的浮浆必须凿除清理,待基层清理干净后要及时进行抄平放线工作。

(2)弹出轴线、砌体边线、构造柱位置线、门窗洞口位置线、预留洞口位置线,必须联合预检验线合格后方可施工。

(3)按砌块每皮高度制作皮数杆,并竖立于墙的两端或在混凝土墙上按排砖图标明各层砌块皮数位置,两相对皮数杆之间拉准线,在砌筑位置放出墙身边线。

(4)当砌体墙与构造柱相连时,每间隔 600 mm 设置拉结筋 $2\phi6$,并设 180°弯钩,与构造柱筋绑扎牢固,拉结筋伸入填充墙内长度 $L \geq 1\ 000$ mm,当砌体墙与混凝土墙、柱连接时,应沿连接面全高布置拉结筋 $2\phi6@600$,拉结筋伸入砌体墙长度不应小于砌体墙总长度的 1/5,且不小于 700 mm。温差较大地区应设置通长墙拉筋,防止产生温度裂缝。

3. 外墙装饰混凝土劈裂砌块施工

(1)砌筑第一皮砌块下应铺满砂浆,灰缝大于 20 mm 时,应用豆石混凝土找平铺砌。砌块必须错缝砌筑,且宜对孔,底面朝上,保证灰缝饱满。

(2)砌块应采用满铺、满挤法逐块铺砌。砌体的水平、竖向灰缝宽度宜为 10 mm,但不应小于 8 mm,也不应大于 12 mm。灰缝应做到横平竖直,全部灰缝均应填满砂浆,一次铺灰长度不宜超过 800 mm。

(3)勾缝:每当砌完一块砌块,应随后进行双面勾缝(原浆勾缝),勾缝深度一般为 3~5 mm。勾缝宜用防水砂浆,砂浆为 1:1 干粉防水砂浆(砂为细砂),如有颜色要求,根据所使用颜色掺入氧化铁颜料,掺入量根据试配确定。

(4)墙体应分次砌筑,每次砌筑高度不超过 1.5 m。砌体在砌筑到梁或板下口第二皮砖时应用封底砌块倒砌或采用实心辅助小砌块砌筑,最上一皮斜楔应待墙体砌完 14 d 后进行。

(5)墙体转角处和纵横交接处应同时砌筑。临时间断处应砌成斜槎。

(6)砌筑墙端时,砌块必须与框架柱、剪力墙面靠紧,填满砂浆,并将柱或墙上预留的拉结钢筋展平,砌入水平灰缝中,伸入砌体墙内长度应不小于 600 mm。

(7)芯柱:当设计有混凝土芯柱时,应按设计要求设置钢筋,其搭接接头长度不应小于 $40d$(d 为钢筋直径),芯柱应随砌随灌混凝土随捣实。当砌块孔洞太小不能浇筑混凝土时,可采用不低于 M5 的砂浆浇灌捣实。当设计无要求时,以下部位应设混凝土芯柱:±0 以下的部位砌筑、小于 1 000 mm 以下的门窗洞口的两侧、十字墙、丁字墙和墙体转角的交接处设计要求没有设置构造柱的砌体。芯柱的配筋一般为 $2\phi10$ 或 $1\phi10$,根据墙体厚度确定。

(8)砌体内设置暗管、暗线、暗盒等,宜用开槽砌块预埋,应考虑避免打洞凿槽。

9.2.5 注意事项

1. 模数问题

施工时自上而下标记拉线,砌块从下向上砌筑,对于门窗边、墙柱边及转角处不够整块或半块的,根据不同部位的具体情况,采取如下各种不同的处理方式:

(1)切割砖法

劈裂砌块强度较高且体积较大,比较难切割,但是绝非不可切割。切割时,按实际所需的尺寸,先仔细划线,最好沿划线处的周边切入一定的深度,再沿割缝轻轻一敲,在应力集中效应的作用下,使砌块沿切缝整齐地断开。

（2）调整块法

此法即要求生产厂家根据工程所需增加及调整模具,生产不同规格尺寸的劈裂砌块。

（3）增加装饰线法

对于门窗边、墙柱边及转角处不够半块的,可改为采用现浇混凝土面镶嵌装饰线条,颜色与砌块、门窗或墙柱混为一体。

2. 防水抗渗问题

一是改变模具,将空心砌块封顶(空心砌块砌筑后不通孔);二是工人操作时将砌块垂直抹浆,呈45°摆放,不能先放砌块后灌浆。在生产劈裂砌块的混凝土原料中,可掺加一定的防水剂,以改善砌块本身的防水抗渗性能;另外,在砌筑及勾缝的水泥石灰砂浆及水泥砂浆中也掺加防水剂。防水粉(剂)的掺量应根据水泥与防水粉(剂)的品种而定,一般为水泥用量的0.1%~0.5%。

3. 大量安装孔洞问题

对于墙上集中埋有许多线管以及较大孔洞处,则在该位置暂时留空不砌劈裂砌块,待线管及孔洞设备安装后,采用混凝土现浇,再在外侧面采用与劈裂砌块同颜色的预制薄板贴面。

9.2.6 验　　收

外墙装饰混凝土劈裂砌块施工的检查与验收应符合《砌体结构工程施工质量验收规范》(GB 50203—2011)中"填充墙砌体工程"的相关规定。

9.3 民族建筑构配件做法及施工

9.3.1 总　　则

1. 为提高高原地区藏式构配件安装施工质量,做到经济合理、安全可靠,体现藏族文化特色,特制定本指南。

2. 本指南适用于高原地区外墙面藏式构配件的装饰安装,主要应用于高原藏族地区建筑物外门厅门柱及檐口、门窗洞口上部、楼层腰线处、屋檐周圈的安装施工。

3. 藏式构配件的安装施工除应符合本指南外，尚应符合国家现行的有关规范和标准的规定。

9.3.2 术　　语

1. 藏式构配件：具有藏式风格的水泥雕刻品、多层次 GRC 或塑料制品。
2. 雕刻：采用雕刻刀手工雕刻各类图案。
3. 彩绘：采用各色颜料手工描绘。

9.3.3 基本原理及适用范围

1. 藏式构配件的安装施工分为雕刻与彩绘、成品构配件安装两类。
2. 根据设计要求进行后雕刻和彩绘各种藏式图案或将预制好的各类藏式构配件成品进行后安装，民族特色突出。
3. 适用于高原藏族地区各类建筑。

9.3.4 技术工艺

1. 一般规定
（1）藏式构配件施工前先进行设计图纸深化。
（2）所用材料的产品合格证、性能检测报告齐全。
（3）进场做好验收记录。
（4）基层墙面应符合《建筑装饰装修工程质量验收标准》(GB 50210—2018)的要求；墙面抹灰养护时间不少于 15 d。
（5）构配件安装施工作业面周围(特别是上方)如有可能污染或损害装饰面的作业，应提前完成，确保装饰施工后免受污染。
（6）成品构配件的存放不得使产品受挤压或碰撞，尤其是饰面经过处理的产品,须采取措施保护饰面的完整。

(7)成品构配件存放时,表面需用洁净覆盖物遮盖,防止雨雪、尘埃等污染装饰面。

2. 基层处理

(1)清扫、检查基面,不得有油污、浮灰等沾污物。

(2)墙面含水率≤8%,pH≤9,如有泛碱应延长养护期和采取人工淋雨清除泛碱。

(3)对墙体的阴、阳角放线锤进行检验,如发现阴、阳角不垂直时提前进行修补,需达到阴、阳角垂直、平整。

(4)基层局部不平、龟裂等用腻子批刮补平。

3. 构配件安装施工

(1)雕刻与彩绘藏式构件

雕刻与彩绘施工采取如下工艺流程:基层处理→弹线→抹水泥砂浆→雕刻→彩绘→清理、验收。具体如下:

①基层处理按照上述条要求进行处理。

②根据深化图纸要求,在外墙面弹出雕刻位置外框线。

③根据雕刻图案的厚度要求先进行底层抹灰处理。每次抹灰长度根据雕刻图案的大小和长度而定,以分界线断开,不应超过1.5 m。抹面砂浆应采用细砂,拌和前先用0.25 mm孔径筛网进行过筛,砂浆强度不应低于M7.5。

④在抹面砂浆初凝前先划出雕刻轮廓线,然后针对不同的花纹和图案深浅采用专用雕刻刀进行雕刻,雕刻过程中要认真仔细,不得损坏已雕好的部位;图案雕刻完成后,将多余的砂浆清除干净;所有雕刻工作必须在抹面砂浆初凝前完成;雕刻完成后做好成品保护,面层进行洒水养护,养护时间不少于7 d。

⑤待面层充分干燥后,清除表面灰尘,根据设计图案要求,采用专用颜料调配好颜色,仔细进行描绘和点缀。

(2)成品藏式构配件

成品藏式构配件安装采取如下工艺流程:基层处理→弹线→

成品构配件安装→接缝处理→彩绘→清理、验收。具体如下：

①基层处理按照上述要求进行处理。

②在操作面弹出构配件安装水平线，控制标高误差在 3 mm 内；根据构配件尺寸弹出安装定位线。

③在安装位置安装膨胀螺栓，先安装转角构件，使其方正，通过同一工作面的两个转角拉线确定饰线条位置；将成品构配件预留钢筋与固定完的膨胀螺栓焊接，按顺序进行拼接，接缝宽度控制在 5 mm，焊缝长度不小于连接钢筋直径的 4 倍，清除全部焊渣。焊接完毕后，所有焊点均应涂防锈漆。

④在接缝处压入玻璃纤维网，两侧各宽出缝边 50 mm，采用 1:2.5 水泥砂浆添加膨胀剂抹平；对完成的接缝进行检查，突出部位重新打磨，保证光滑、顺直，无明显凹凸。

⑤待面层充分干燥后，清除表面灰尘，根据设计图案要求，采用专用颜料调配好颜色，仔细进行描绘和点缀。

9.3.5 注意事项

1. 成品藏式构配件安装基墙必须足够坚固，应为混凝土结构梁、圈梁或过梁。

2. 尽量在 0 ℃以上施工，冬季施工需采取保温或其他有效措施，以保证抹灰、填缝等湿作业的可靠性。

9.4 藏式建筑彩色混凝土施工

9.4.1 总　　则

1. 为规范藏式建筑彩色混凝土施工，做到技术先进、安全适用、经济合理、确保质量，制定本指南。

2. 本指南适用于藏式彩色混凝土施工。

3. 藏式彩色混凝土施工除应符合本指南外，尚应符合国家现行有关标准的规定。

9.4.2 术　　语

彩色混凝土:主要是由彩色水泥、砂子、彩色骨料、水、外加剂经搅拌而成,可以根据设计的要求完成其他建筑材料很难完成的圆形、弧形等异形建筑造型,实现了混凝土浇筑(抹灰)、饰面一次完成。

9.4.3 基本原理及适用范围

彩色混凝土施工主要有三种工艺:现浇工艺、装饰抹灰工艺、彩色混凝土预制工艺。在高原环境下,彩色混凝土预制工艺较前两种工艺具有适应性强以及工期、质量和安全均宜保证的特点。

9.4.4 技术工艺

1. 在预制板预制过程中,原材料应一次进场确保颜色均匀。
2. 定型模具预制并在室内专用机床上施工;蒸养棚统一进行养护。
3. 在出厂前对所有预制板进行人工剁斧处理,最大限度将骨料外露,以使彩混板的颜色由骨料的本色来表现,增强表面立体感。
4. 挂板的现场运输分为水平运输和垂直运输,水平运输主要采用专用平板车和液压推车,垂直运输采用汽车吊。
5. 密封胶在使用前先做相容性试验,合格后方可使用。在打胶完成后,在胶缝处涂刷氟碳漆,以延长密封胶防水时效。

9.4.5 注意事项

彩色混凝土应采用天然骨料(白色云石和氧化铁矿石),以混凝土本色体现建筑外墙的颜色和质感。

9.5　高海拔强紫外线地区外墙保温及装饰施工

9.5.1　总　　则

1. 青藏高原气候总体特点为：紫外线辐射强烈，日照多，气温低，昼夜温差较大。按外墙保温材料所在位置不同，主要分为外保温、内保温和夹芯保温三类。为提高外墙外保温施工质量，特制定本指南。

2. 本指南适用于外墙面外保温，主要应用于高海拔寒冷地区建筑物外墙外保温施工。

3. 经长期施工所得经验及对比试验可知，抹面砂浆的厚度不同，对外墙外保温抗紫外线老化的能力没有明显区别，但是随着紫外老化延长至 28 d 以上，抹面砂浆对聚苯乙烯板的粘结强度有降低的趋势。然而，在抹面砂浆的表面做腻子对长期紫外老化下抹面砂浆粘结强度降低的趋势有所改善。

4. 高海拔强紫外线地区外墙保温及装饰施工除应符合本指南外，尚应符合国家现行的有关规范和标准的规定。

9.5.2　术　　语

1. 外墙外保温系统：由保温层、保护层和固定材料（胶粘剂、锚固件等）构成并且适用于安装在外墙外表面的非承重保温构造总称。

2. 外墙外保温工程：将外墙外保温系统通过组合、组装、施工或安装，固定在外墙外表面上所形成的建筑物实体。

3. EPS 聚苯板：由可发性聚苯乙烯珠粒经加热预发泡后在模具中加热成型而制得的具有闭孔结构的聚苯乙烯泡沫塑料板材。

4. 胶粘剂：用于 EPS 板与基层以及 EPS 板之间粘结的材料。

9.5.3 基本原理及适用范围

1. EPS板导热系数小,蓄热系数大,保温隔热效果好;工艺成熟;施工方便,人工费用低。
2. EPS板轻质、防水防潮、防腐蚀、系统性能优越。
3. 适用于高寒地区各类建筑外墙外保温工程。

9.5.4 技术工艺

1. 一般规定
(1)EPS板施工前,外墙已施工完毕,且经过验收。
(2)所用材料的产品合格证、性能检测报告齐全。
(3)进场做好验收记录和材料复试检测。
(4)基层墙面垂直度、平整度允许偏差满足要求。
(5)气温低于5℃不得施工,风力大于5级不得施工,雨天严禁施工,遇雨或雨季施工应有可靠的防雨措施。

2. 基层处理
(1)清扫、检查基面,不得有油污、浮灰等沾污物。
(2)墙面含水率≤8%,pH≤9,如有泛碱应延长养护期和采取人工淋雨清除泛碱。
(3)首层EPS保温板下面安装托架,其他楼层均在楼板处设置一道钢托架。

3. EPS保温板安装施工
施工步骤如下:
(1)粘结砂浆的配制。
(2)保温板的铺贴。要点有:
①在操作层的铺贴起始面沿墙面四周弹出水平线。高度24 m以上的建筑,每两层且不能大于6 m应设置一道金属托架。锚固件根据设计要求设置。
②考虑到在粘结剂未干前保温板没有足够的承载力,因此苯

板的铺贴顺序应该从下往上,铺贴时还必须采用靠尺辅助施工,以保证平整度满足要求。

③板的排列:要求自墙面底部起横排布板,逐块粘贴,每排按顺序依次粘贴,排与排之间错缝粘贴,外转角也应错缝。每一排的板与板间接缝要错开 1/2 板长,苯板最小长度应保证至少在 200 mm 以上。所有保温板之间的缝隙不能超过 1.5 mm。

④板的切割应采用专用工具,以保证板边的整齐、平整。

⑤控制粘结剂用量,方齿抹灰刀呈约 45°角刮过,拉出灰条,宽大约 5 cm。粘结剂的涂抹面积应大于整板面积的 40%。

⑥粘贴应尽量摆正位置,若有偏差可滑动就位。粘贴应轻柔,用工具拍压紧贴墙面(严禁用手拍击),并使用 2 m 以上靠尺来测量,确保平整,保温板粘贴应尽可能靠紧,接缝尽可能小,严格控制板缝小于 1.5 mm。

(3)缝隙修补、打磨。

(4)苯板断开处或收口的地方均采用抹面砂浆批缝,批缝粘结剂宜薄宜平。

(5)加固层施工。施工要点如下:

①施工前应先检查苯板是否干燥、清洁,将整个墙面使用粘结抹面砂浆进行满批打底。

②在粘结抹面砂浆没有凝固之前将耐碱网格布抹入粘结抹面砂浆中。

③粘结抹面砂浆应充分地包裹网格布,但网格布应尽量靠近加固层的表面约 2/3 处。

④耐碱玻璃纤维网格布不管上下左右,接头处均应保证搭接 10 cm 宽度。

⑤必须先上胶再埋网,严禁边铺网边上胶。

⑥当遇到门窗洞口时,应在洞口四角处沿 45°方向补贴一块标准网格布(30 cm×20 cm),以防开裂。

⑦粘结剂满批后达到墙面平整,完成后若有不平整处,则在间

隔 6~8 h 后继续打磨平整,以成为合格的涂料基层。

⑧建筑底层需要再铺设一层加强型网格布,以保护受撞击的墙体。

(6)在打磨完毕后,打设锚固钉,锚固钉的打设数量确定为每平米不少于6个。

(7)面层施工。

9.5.5 注意事项

1. 穿墙管在保温板粘贴前施工完毕。保温板粘贴完毕,由保温收头。

2. 铁艺栏杆在保温板粘贴前,将预埋件固定在墙上,栏杆焊接好,由保温修补。

3. 百叶预埋件在外墙粉刷结束后、保温板粘贴前上墙固定。百叶预埋件完成后,粘贴保温板。

9.5.6 验　　收

保温板的检查与验收应符合《外墙外保温工程技术规程》(JGJ 144—2004)中"工程验收"的相关规定。

9.6　外墙氟碳漆施工

9.6.1 总　　则

1. 为提高高原地区外墙涂饰施工水平,贯彻执行国家的技术经济政策,做到安全、适用、经济、耐久、确保质量,制定本指南。

2. 本指南适用于强紫外线照射的高海拔、高寒地区建筑物外墙、屋顶以及各种建材首选的耐久性装饰保护材料施工。

3. 高原地区外墙氟碳漆施工除应符合本指南外,尚应符合国家现行的有关标准的规定。

9.6.2 术　　语

1. 抗裂耐碱防水腻子：一种以重钙、白水泥、有机添加剂混合而成的高品质外墙墙面找平材料。
2. 建筑外墙用底漆：涂饰工程多层涂装时，直接施涂于建筑物外墙底材上的涂料。
3. 抗泛碱性：涂层抵抗基材碱性物质渗透和析出的能力。
4. 超耐久 F-C 氟碳漆：一种双组分溶剂型高档装饰涂料，为外墙壁及钢结构表面提供卓越的保护及装饰作用，属超强耐候性油漆。

9.6.3 基本原理及适用范围

1. 氟碳漆作为一种高科技功能性涂料和全新的表面装饰防护材料，基本涵盖了目前市面上常用的聚氨酯、有机硅、丙烯酸树脂涂料的优良性能，附着力、强度、硬度、耐化学药品（酸碱、氨水、有机溶剂）、耐盐雾、人工气候促进老化等多项技术指标优于普通涂料。
2. 氟碳漆对高原地区的耐候性、耐紫外线、耐风沙、耐自然腐蚀，以及耐黄变、保光保色性能均比较高。
3. 尽量选择无风、晴朗天气下施工，补充光亮，保证氟碳漆施工光洁度。

9.6.4 技术工艺

1. 一般规定

(1) 涂饰工程的施工图、设计说明及其他设计文件完整。
(2) 涂饰工程材料的产品合格证、性能检测报告齐全。
(3) 进场做好验收记录。
(4) 基层墙面应符合《建筑装饰装修工程质量验收标准》（GB 50210—2018）的要求；墙面抹灰养护时间不少于 15 d。

(5)门窗按设计要求安装好,并堵抹洞口四周的缝隙;所有的成品门窗要提前保护。

2. 基层处理

(1)清扫、检查基面,不得有油污、浮灰等沾污物。

(2)墙面含水率≤8%,pH≤9,如有泛碱应延长养护期和采取人工淋雨清除泛碱。

(3)对墙体的阴、阳角放线锤进行检验,如发现阴、阳角不垂直时提前进行修补,需达到阴、阳角垂直、平整。

(4)基层局部不平、龟裂等用腻子批刮补平。

3. 外墙氟碳漆施工

外墙氟碳漆施工采取如下工艺流程:基层处理→刻划分格线→底、中、面层抗裂耐碱防水腻子施工→氟碳漆喷涂→清理、验收。具体如下:

(1)基层处理按照上述要求进行处理。

(2)刻划分格线的深度、宽度、横竖方向以及整体分布按设计要求的规格进行弹线、分格,要求横平竖直。分格缝内应清除掉杂物、油污、脏污等,分次填补分格缝专用腻子,深浅要均匀,最后一道用圆管压成半弧形。

(3)底、中、面层抗裂耐碱防水腻子施工应符合下列规定:

①底层腻子施工时,先用批刀将腻子浆料满批于分格缝内,一次不能太厚,如墙面不平,可先批凹陷处,分次批刮;再用铝合金条对大面积进行上下、左右批刮,批刮以分格线为界,用力要均匀,不宜过厚,阴阳角要靠直。批刮两遍,干燥后用80目砂纸打磨,每遍腻子施工间隔4~8 h。

②采用压埋法在底层腻子未干之前,用批刮刀轻轻将玻璃纤维网压埋入墙面,贴好后要求每处须跟墙体紧密贴在一起,基本上处于同一个平面,松紧适度,干燥8 h以上。

③批刮中层腻子,采用批刮刀以分格线为界批刮,干燥后用300~400目砂纸打磨。

④批刮面层腻子,用批刮刀批刮两遍,以分格线为界,每遍干燥后用 500 目砂纸打磨。

(4)外墙氟碳漆喷涂应符合下列规定:

①喷涂底漆。将腻子层封闭,隔离和防止其内外受到侵蚀。采用喷涂法施工,保证达到涂膜均匀、色泽一致。对不符合技术要求的,及时进行修补处理。底漆喷涂后,须等干燥约 12 h 才可进行下道工序施工,喷涂时用塑料薄膜对不喷涂区进行成品保护。

②喷涂中间漆。采用喷涂法施工,喷涂采用无气高压喷涂机,保证达到涂膜均匀、色泽一致。喷涂施工必须自上而下进行,每次喷涂以分割缝、阴阳角交接处或落水管为界,每个喷涂面应尽量一次完成。

③喷涂面漆。

a. 待中间漆干燥 15 h 后,使用 600~800 目细砂纸打磨。打磨时用力不能太重,以免将中间漆涂膜磨穿,须认真彻底;使用抹布对砂纸打磨完的面层进行除尘。

b. 面漆施工配比严格按厂家说明书要求比例,将主漆与固化剂混合后,加适量稀释剂,调配后使用 100 目滤网过滤,在施工过程中不断搅拌,以免沉淀。调配的混合料须在 4 h 内用完。

c. 采用 W-71 喷枪喷涂面漆,喷嘴尺寸 1.5~2.0 mm,气泵压力 0.3~0.5 MPa。

d. 面漆喷涂两遍,喷涂应均匀,密度合理,无流挂、明暗不均、发花等现象,手感细腻,光泽均匀,无批刮印痕和凸凹不平现象。

9.6.5 注意事项

1. 施工前基层表面要清洁、干燥,温度高于露点,避免凝露。施工温度范围在 10 ℃~40 ℃ 之间,湿度小于 85%。风沙较大等恶劣天气,不能进行涂装。

2. 外墙氟碳漆遇雨季施工时,外墙应采取必要的遮挡措施,防止雨水冲刷已完工面层;若墙体受潮,需待墙体干燥后再行施工。

氟碳漆施工要保证基层墙体的含水率满足不大于8%的要求。

3. 当气温低于0℃时,不宜进行外墙氟碳漆施工。

4. 对污染的地方(如门窗、落水管等位置)进行清理,注意对其他成品的保护,清理应彻底。

5. 涂饰工程应在涂层养护期满后进行质量验收。

9.7 植物种植施工

9.7.1 总 则

1. 为加强高原地区植物种植施工过程控制,提高植物种植成活率,保证安全生产,制定本指南。

2. 本技术主要是通过改善植被种植工艺、改良种植土来增加高原地区植被种植成活率,改善高原地区人类生活环境。

3. 高原地区植物种植施工除参考本指南外,尚应符合现行的国家、行业和地方有关标准的规定。

9.7.2 术 语

1. 绿化工程:园林植物种植工程,包括种植树木、种植花卉、种植草坪和地被植物。

2. 公共绿地:各类公园、动物园、植物园、陵园以及小游园、街道广场绿地。

3. 灌木:无明显主干或主干甚短,植株相对低矮的木本植物。

4. 常绿树:终年具有绿叶的树木,包括常绿乔木和常绿灌木。

5. 藤本植物:茎干细长,不能直立,攀附在大树或它物上生活的植物。

6. 种植土:宜于植物生长的土壤,土壤理化性能好,结构疏松、通气、保水、保肥能力强。

7. 修剪:将树体、器官(根、茎、叶、花等)的某一部分剪短或疏删,达到平衡树势、更新复壮的目的。

8. 疏剪：将枝条从分枝的基部剪除，使枝条分布合理，达到通风透光、减少蒸发的目的。

9. 短截：从枝条上选留一合适的芽后将枝条剪短，达到刺激侧芽萌发新梢的目的。

10. 成活率：树木种植后到规定时间，检查的成活株数占种植总数的百分比。

11. 非植树季节植树：除春、夏、秋三季以外季节的植树，也可称为树木生长季节的植树。

9.7.3 基本原理和适用范围

1. 基本原理

通过改善植被种植工艺、改良种植土来增加高原地区植被种植成活率。

2. 适用范围

本技术适用于西北高海拔地区，此地多为空旷地点，无堵挡。气候环境特点是气候干燥，无霜期短，昼夜温差大，四季风大，降雨量几乎为零，蒸发量大，冬季寒冷，属于低温带高原性气候区。地区属于多年戈壁，含土量极少，保水性差，碱性大。

9.7.4 技术工艺

1. 土壤整理、肥化及消毒

（1）土方清理：结合当地土质情况，至少保证 0.8 m 厚的种植土。当原土质无法满足时，挖出盐渍土等不适宜种植土，运至指定区域堆放。

（2）土方回填：选择本地优质面砂作为种植基质，进行回填。

（3）土壤肥化：肥料以发酵羊粪为主，每亩绿化地施 12 m^3 羊粪。辅料为二胺，少量硫酸亚铁，植物发芽或出苗后，追施尿素。

（4）土壤消毒：消毒液为多菌灵及甲基拖布津，以 1∶1 000 比例均匀灌溉绿化地，15 d 一次，连续两次。

2. 植物种植

种植流程：选树→切根→平衡修剪→选择栽植时期→挖掘包装→装运→挖穴、土壤处理→支撑绑扎→浇水。

(1)选树：选择树形姿态美观、根系发达、无病虫害、无损伤、生长旺盛的植株。

(2)平衡修剪：根据发芽情况修剪到美观易活的程度。

(3)选择移植时期：选择苗木适应的最佳移植时间，以确定成活率。

(4)挖掘、包装、运输：挖掘要做到不伤根，土球不松散，白天起苗，夜间运输，随到即栽。

(5)穴内土壤处理：配制营养土在树穴底部放置20 cm后栽种，营养土尽可能采用腐熟的有机肥料配制。

(6)种植：确定树的朝向、栽植的质量、覆土的质量，加一层土夯实一层。

(7)修剪：依照"强枝弱剪、弱枝强剪"的原则。

(8)浇水：栽后立即浇定根水，苗木歪倒时立即扶正砸实。

9.7.5 注意事项

1. 绿地种植土质要求

(1)如果地面土为盐渍土等不适宜种植土质，根据实际情况进行换填处理，至少保证植物有0.8 m厚的种植土。

(2)对草坪、花卉等土质应施基肥，翻耕30 cm，搂平耕细，去除杂物。

(3)在植物种植之前，需要对换填的优质面砂进行改良，土壤改良要求铺5 cm厚有机肥。西北高原大部分地区由于地域性原因，采用羊粪对土壤进行改良，计划每平方米掺量5~7 kg。

2. 种植后期养护

(1)养护准备：培训养护人员，备好养护机具。

(2)养护要求：及时检查、补植、浇水、除草、松土、施肥、修剪、保洁和防治病虫害的发生。

(3)**修剪树木**:要保持中央树干直立,随时修剪枯枝、病害枝。

(4)**病虫害防治**:定期或不定期喷药,贯彻"治小、治早、治本"的防治原则。

(5)**施肥**:施用有机肥或复合肥促其生长。

(6)**补植**:对个别死亡苗木要及时补植。

10 高海拔地区安装工程施工

10.1 常规安装新技术

10.1.1 大管道闭式循环冲洗技术

在施工过程中,管道内难免落进砂、砾石、砖块、电焊条、电焊渣等杂物,残存在管道内壁的底层,而且管道内壁因氧化、腐蚀等原因还有残存在管道壁面的氧化铁皮等,在管网投入运行前,必须将这些杂质清除,其处理方法中既环保又节能的方法就是闭式循环冲洗法,能够清除管内一切杂物。

利用水在管内流动的动力和紊流的涡旋以及水对杂物的浮力,迫使管内杂质在流体中悬浮、移动,从而使杂质随流体带出管外或沉积于除污短管内清除掉。这种向管内注水,脏水循环、排掉;再换水,清水循环、排掉;再换水,净水循环,再排掉等循环过程称为闭式循环冲洗。

10.1.2 管道工厂化预制技术

工厂化预制的优越性在于既不受天气影响,也不受土建和设备安装条件的限制,待现场条件具备时,即可将预制好的管段及组合件运至现场进行安装。这对于缩短施工周期,加快施工进度,减少高空作业和高空作业辅助设施的架设,保证施工质量和安全,提高技术水平和平衡施工力量等都具有十分重要的意义。

民用建筑管道工厂化预制的内容主要有:图纸深化、现场测量、绘制单线图、绘制加工图、备料、划线、下料、加工、组装、检验、编号、分期分批运至安装现场。

工厂化预制主要有以下几项工作:深化设计、材料供应、预制加工、运输配送、现场安装,以及辅助并穿插在全过程中的质量控制和安全监控。

10.1.3 超高层高压垂吊式电缆敷设技术

在超高层供电系统中,有时采用一种特殊结构的高压垂吊式电缆,这种电缆不管有多长多重,都能靠自身支撑自重,解决了普通电缆在长距离垂直敷设中容易被自身重量拉伤的问题。高压垂吊式电缆由上水平敷设段、垂直敷设段、下水平敷设段组成。其结构为:电缆在垂直敷设段带有3根钢丝绳,并配吊装圆盘,钢丝绳用扇形塑料包覆,并与3根电缆芯绞合,水平敷设段电缆不带钢丝绳。吊装圆盘为整个吊装电缆的核心部件,由吊环、吊具本体、连接螺栓和钢板卡具组成,其作用是在电缆敷设时承担吊具的功能并在电缆敷设到位后承载垂直敷设段电缆的全部重量,电缆承重钢丝绳与吊具连接采用锌铜合金浇铸工艺。

10.1.4 机电消声减振综合施工技术

机电消声减振综合施工技术是实现机电系统设计功能的保障。随着建筑工程机电系统功能需求的不断增加,越来越多的机电系统设备(设施)被应用到建筑工程中。这些机电设备(设施)在丰富建筑功能、改善人文环境、提升使用价值的同时,也带来一系列的负面影响因素,如机电设备在运行过程中产生及传播的噪声和振动给使用者带来难以接受的困扰,甚至直接影响人身健康等。

10.1.5 建筑机电系统全过程调试技术

建筑机电系统全过程调试技术覆盖建筑机电系统的方案设计阶段、设计阶段、施工阶段和运行维护阶段,其执行者可以由独立的第三方、业主、设计方、总承包商或机电分包商等承担。目前,最常见的是业主聘请独立第三方顾问,即调试顾问作为调试管理方。适用新建建筑的机电系统全过程调试,特别适用于实施总承包的机电系统全过程调试。

为调试工作前瞻性整体规划文件,由调试顾问根据项目具体情况起草,在调试项目首次会议上,由调试团队各成员参与讨论,会后调试顾问再进行修改完善。调试计划必须随着项目的进行而持续修改、更新。一般每月都要对调试计划进行适当调整。调试顾问可以根据调试项目工作量大小,建立一份贯穿项目全过程的调试计划,也可以建立一份分阶段(方案设计阶段、设计阶段、施工阶段和运行维护阶段)实施的调试计划。

10.2 消防新技术

10.2.1 细水雾灭火技术

即通过改变水的物理特性达到提高灭火效果的目的。由于细水雾的粒径在 40~200 μm 范围内,在火场中能完全蒸发。所以,此技术吸热效率高,冷却效果好,具有灭火快、用水省、水渍损失小的优点,部分产品还具有抑制火灾烟气浓度、提高火场能见度的作用,因此在建筑消防领域具有长远的推广前景。

10.2.2 气悬体消防系统

该系统主要部件是多个气悬体发生器,当气悬体发生器周围温度达到 100 ℃~120 ℃时,发生器内的烟火剂便会被点燃,在烟火剂的温度和喷发作用下,气悬体发生器可将内部的灭火粉喷出。此种灭火粉的单个颗粒平均尺寸仅 1 μm,可以充分覆盖在燃烧物的表面,终止燃烧反应。而且此消防系统能够在发生火灾时自动动作,且灭火粉末能够以气悬体的形式在空气中停留数小时,可有效抑制可燃物复燃,灭火效果提高数倍。

10.2.3 纳米灭火技术

采用纳米技术新开发的新型固体微粒气溶胶灭火剂,不但克服了现有气溶胶灭火剂的气溶胶喷出温度高、透光性弱、沉降物吸湿后带有一定的腐蚀性、灭 A 类火性能差等缺点,还研究开发了冷气溶胶灭火剂,纳米级的超细干粉,利用其优异的化学活性和催化性能,可使灭火效率大大提高。

10.3 通风空调新技术

10.3.1 变风量空调系统技术

变风量系统是一种通过改变进入空调区域的送风量来适应区域内负荷变化的全空气空调系统,主要用于办公和其他商用建筑的舒适性空调。

变风量空调系统运行成功与否,取决于空调系统设计是否合理、变风量末端装置的性能优劣以及控制系统的整定和调试。其中,合理的系统设计是基础,末端装置的性能优劣是关键,控制系统调试是重点难点。

变风量空调系统有各种类型,它们均由四个基本部分构成:变风量末端装置、空气处理及输送设备、风管系统及自动控制系统。

10.3.2 冷却吊顶技术

冷却吊顶技术是将移除显热负荷和湿负荷等过程相分离,通过冷却吊顶的对流和辐射来消除显热负荷。湿负荷等主要通过通风系统来移除,包括自然通风和机械通风。常见的金属辐射板,水管与金属辐射板通过导热胶或者卡套连接,具有负荷反应时间短、安装维修方便、噪声低的优点。但是,铜管与辐射板之间存在导热系数低的导热胶或空气,导致辐射板供冷量较低。金属辐射面板一般采用铝材料,铝的导热系数为 237 W/(m·℃),比重小而导热性能好,表面具有微穿孔以消除噪声和增强传热,背面使用U型塑料弯管作为循环水通道。金属辐射板的主要优点是美观大方、易于与装修配合,可以直接作为吊顶装饰面使用,从辐射供冷理论上讲,金属辐射板相对于混凝土预制辐射板和毛细管网栅可提供更强的供冷能力。但由于结露,其循环水进口水温不能低于室内设计空气状态的露点温度,因此在高湿地区供冷能力得不到最大程度的发挥。但是金属吊顶板辐射供冷是制冷最快的一种,负荷的反应迅速灵敏,一般不超过5 min。

10.4 铁皮风管防火加强包裹施工

10.4.1 总　　则

在建筑机电工程中,铁皮风管防火加强包裹主要运用于工程的地下室排烟系统或排风兼排烟系统、空调通风系统以及穿越防火分区的风管的保护,尤其是多系统的集中送排风井道转换风道,一般都因风量大而设计成超大尺寸的风管,加工和安装难度都很大。

10.4.2 术　　语

防火板:表面装饰用耐火建材,有丰富的表面色彩、纹路以及特殊的物理性能。

10.4.3 基本原理及适用范围

1. 采用U型轻钢龙骨、L型轻钢角龙骨固定在金属风管的外侧,防火板与U型轻钢龙骨连接,然后用自攻螺丝固定连接。

2. 适用于建筑工程消防排烟通风、空调通风以及其他用途的风管穿越防火分区时的保护,并且系统风压在中压以上或有清洁要求的风道等。

10.4.4 技术工艺

1. 制作、安装防火板内龙骨架

(1) 当风管宽度 a≤1 000 mm 时,使用 50 mm × 50 mm × 1.0 mm 的 U 型轻钢龙骨制作内龙骨框,布置间距 1 220 mm,使用 40 mm × 40 mm × 0.6 mm 的 L 型轻钢角龙骨制作边角内龙骨框,如图 10-1 所示。

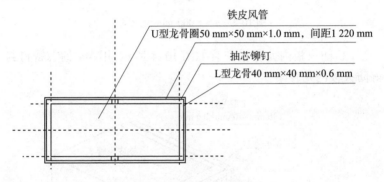

图 10-1　a≤1 000 mm 剖面图(一)

(2) 当风管宽度 a > 1 000 mm 时,需居中设 50 mm × 50 mm × 1.0 mm 的 U 型轻钢龙骨,用于支撑中跨,如图 10-2、图 10-3 所示。

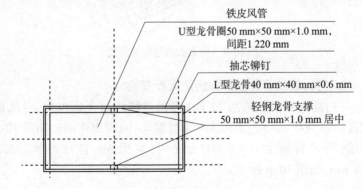

图 10-2　a > 1 000 mm 剖面图(一)

图 10-3　$a > 1\,000$ mm 全景图

（3）防火板内龙骨架安装如图 10-4 所示，用 M4 抽芯铆钉封好防火板内龙骨架。

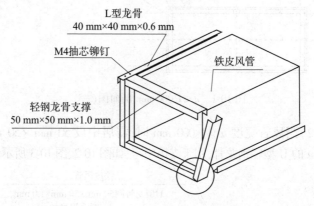

图 10-4　防火板内龙骨架安装

2. 防火板风管外敷硅酸钙防火板安装

（1）防火板风管采用 12 mm 厚的硅酸钙防火板包封，当风管宽度 $a \leqslant 1\,000$ mm 时，采用 M4 自攻螺丝，间距 200 mm，如图 10-5 所示；当风管宽度 $a > 1\,000$ mm 时，采用 M8 自攻螺丝，间距 200 mm，如图 10-6 所示。

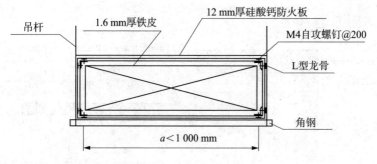

图10-5 $a \leqslant 1\,000\,mm$ 剖面图(二)

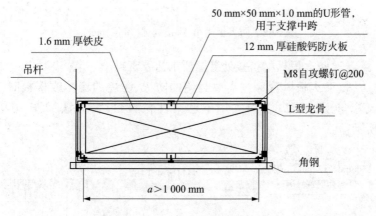

图10-6 $a > 1\,000\,mm$ 剖面图(二)

(2)防火板风管总装如图10-7所示,局部细点如图10-8所示,其中螺丝间距不大于200 mm,第一口螺丝离防火板边不大于20 mm。

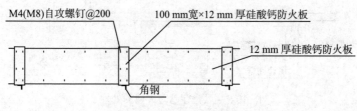

图10-7 防火板风管总装图

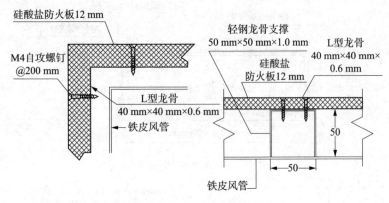

图 10-8 防火板边角、拼接处理(单位:mm)

(3)防火板板材拼接处缝隙要求抹胶密封。

3. 防火板风管穿过需要封闭的防火、防爆的墙体或楼板时,风管与预留洞口之间采用不燃柔性材料封堵,做法如图 10-9 所示。

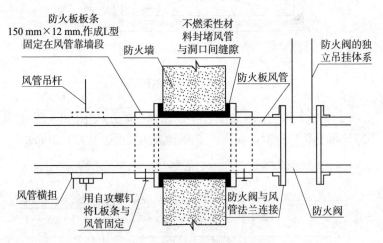

图 10-9 风管穿越防火墙的处理

10.4.5 注意事项

1. 防火板风管的拼接组合均采用自攻螺钉固定,板缝之间打防火密封胶,在施工过程中严格执行工艺标准。低压系统风管可按现行《通风与空调工程施工质量验收规范》(GB 50243)附录 A 中的漏光法进行检验。中、高压系统风管的严密性检验,应按"金属风管及部件安装工艺标准"作相应的检测。

2. 防火板风管系统的验收,详见现行《通风与空调工程施工质量验收规范》(GB 50243)的相关条目。

10.5 聚丙烯(PP)排水管施工

10.5.1 总 则

聚丙烯(PP)超静音排水管材除了具备普通塑料排水管的所有优点外,还具备抗冲击(冲击性能与铸铁管不相上下)、耐高温(可以长期承受 95 ℃ 的热水排放)、使用寿命长、除噪降音效果好、超强的耐腐蚀性(管材可以排放 pH = 2 ~ 12 的流体)、阻燃等特性。管材与管件、管材与管材(管材可带承口,如图 10-10 所示)采用柔性连接,安装方便快捷,不使用伸缩节与直接,克服了高海拔高寒地区不利的施工条件,而且可避免水流冲击管壁时产生的声音向下一个管材或管件传递引起共鸣,即能够有效阻止声的传播。

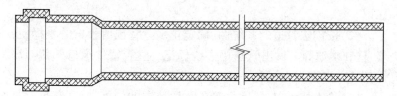

图 10-10 弹性密封圈连接型承口管材

10.5.2 术　语

聚丙烯(PP)超静音排水管:管材采用三层复合结构,聚丙烯内层光滑不易挂污、排水性能好,具有优异的耐热性和耐化学腐蚀性;中层采用黏弹性材料,隔音、减振和吸声,并形成多层反射界面防止声波传出;外层保护中层,并确保管材良好的抗冲击性。

10.5.3 基本原理及适用范围

1. 聚丙烯(PP)超静音排水管材的管件,除采用与管材相同的三层复合结构外,其接口采用独特的承口设计,承口内统一设计安装橡胶密封圈,柔性连接减少了振动沿管壁传递;橡胶密封圈与管材可共用50年。

2. 适用于输送介质温度为0℃~95℃、pH=2~12的建筑排水、污水及雨水系统。

10.5.4 技术工艺

1. 施工工艺流程

材料验收→存放管理→尺寸放样→支架安装→管道预配→管道安装→安装套管→闭水、通球→吊模封堵→检查验收。

2. 施工技术要点

(1)按卫生设备的设计位置,结合排水口尺寸与排水口施工要求,确定排水管道预留管口的坐标,在楼地面上做出管道中心线标记。

(2)按排水管道的系统图,确定排水立管预留管口的坐标,在墙、柱和楼地面上做出管道中心线标记。立管管件承口外侧与墙饰面的距离宜为20~50 mm。

(3)检查排水口、排水立管各预留孔洞的位置、标高和尺寸是否准确,必要时加以修整。

(4)按管道走向及各管段的中心线标记进行测量,绘制实测小样图详细注明尺寸。

(5)管道预配前检查管道与管件是否合格与完好,清除管材和管件上的污垢杂物。

(6)按实测小样图进行配管与断管,按所需长度切割管材,工具可采用手锯、砂轮锯、割刀、割管机。然后用修边机将管材两端倒角 15°~30°(图 10-11),坡口厚度约为管壁厚度的 1/2~2/3。倒角工具可以采用木锉、手动砂轮等。坡口完成后,应将残屑清除干净,并用砂纸打磨平滑。

(a)修边机轨道口　　(b)修边机　　(c)管材倒角

图 10-11　修边机倒角

(7)管材或管件在连接前,应用棉纱或干布将承口内侧和插口外侧擦拭干净,保持清洁,无尘砂与水迹。当表面沾有油污时,需用棉纱蘸丙酮等清洗剂擦净。

(8)检查并安装橡胶密封圈,用毛刷将润滑剂均匀涂在橡胶密封圈表面,但不得将润滑剂涂到承口的橡胶圈沟槽内。禁止用黄油或其他油类作润滑剂。

(9)将管材插口部分划出深度线,用毛刷刷 30 mm 厚润滑剂后,垂直插入管件内,如插入困难时,可采用紧线器锤击等方法辅助,但不得对产品造成破坏。

10.5.5　聚丙烯(PP)超静音排水管与其他管材的连接

1. 与 PVC-U 管的连接:可以通过静音管件承口部分的密封圈进行承插连接。

2. 与普通铸铁管的连接：先将静音管的插口打毛、涂胶、粘砂、干燥，用传统的水泥捻口的方法进行连接。

3. 与卡箍式柔性铸铁管的连接：采用铸铁管用的金属卡箍进行连接。

4. 与法兰式柔性铸铁管的连接：静音管插入铸铁管内，并用铸铁法兰盖和密封圈、螺栓、螺母连接。

11 高海拔地区绿色施工

11.1 大面积绿化施工

11.1.1 总　　则

1. 青藏高原生态环境脆弱,是世界自然基金会确定的"全球生物多样性保护"最优先地区。为保护自然保护区和野生动物资源,保护高原湖泊、湿地生态系统,保护高原、高寒地表植被和高原冻土环境,保护周边自然景观,同时做到技术先进、安全适用、经济合理、确保质量,制定本指南。

2. 本指南适用于高原地区大面积环保绿化施工。

3. 高原地区大面积绿化施工除应符合本指南外,尚应符合国家现行有关标准的规定。

11.1.2 术　　语

青藏高原:拥有独特的地理环境和自然环境,有着极为丰富的野生动植物资源、水资源和矿产资源,是中国和南亚、东南亚地区的"江河源"和"生态源",是东半球气候变化的"启动器"和"调节区",并有亚洲"水塔"之称,全球生态战略地位十分重要。

11.1.3 基本原理及适用范围

通过绿化样板施工,选择适当的草种播种密度与兼种情况,为大面积绿化施工提供依据,达到较好的绿化效果,满足环保恢复的要求。

11.1.4 技术工艺

1. 移植草皮

先将区域内优质草场的草皮切成块,然后用铲车将一块块草皮连同土壤一起搬到草皮移植区,对移植的草皮派专人负责养护。在房建及道路完成后,把草皮移植恢复到需要移植的部位。

同时在自然条件较好的地段,精选适合高原生长的草种,辅以适合的喷播、覆膜等技术,进行种植草皮试验,建设人工草场,尽量恢复被破坏植被。

草皮移植流程如图11-1所示。

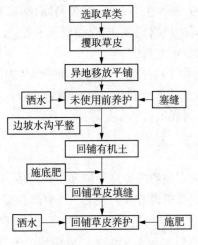

图11-1 草皮移植流程图

2. 种草

草种:选择垂穗披碱草、老芒麦,场地平整后,撒好腐殖土后,均匀地混合播种,种子选用Ⅰ级种子,亩播27 kg。

整地:面积较大时,采用机械松土,面积较小时或局部地段机械无法作业时,采用人工翻松表土,同时施放基肥和保水剂,土壤过分干燥时须适当浇水。

土壤改良：当土壤呈碱性或盐渍化较严重时，一般施石膏、磷石膏等进行土壤改良或进行换土处理。

播期：根据不同气候特征，播种时机建议选择在6月初至6月中。

灌溉：砂质土壤，应及早灌溉，当土壤的相对持水量低于60%时及时灌溉，以20~30 cm厚土的相对持水量达到90%以上为度，灌溉方式为喷灌。

施肥：及时检测土壤的微量元素，底肥在整地时施入，追肥应选在降雨前和灌溉前。

出苗检查：出苗成苗一般应在500~1 000株/m^2，对缺苗率超过10%的地方，及时移栽或补播。

病虫害防治：以预防为主，一旦发生要立即采取措施予以控制。

11.1.5 注意事项

1. 需通过绿化样板施工确定，适用于高原高寒环境下的草种，确保种草成活率。
2. 需通过草皮移植与种草对比，采用最优绿化恢复方式。
3. 严格控制腐殖土铺设厚度、播种时间、灌溉、出苗量。

11.2 风光互补供电技术

11.2.1 总则

高原地区风光互补供电技术具有很好的社会经济效益。目前，国内能源的紧张情况使得可再生能源的利用大有可为，风能和太阳能混合利用是其中最有前途的，将为国家实现可再生能源利用的低成本，提高终端利用率，以达到推动产业化、市场化、因地制宜地开发利用可再生资源的目的。

11.2.2 术　语

风光互补发电系统：由风力发电机、整流器、光伏阵列、最大功率跟踪(MPPT)控制器、蓄电池、逆变器、智能控制器及交流负载等组成。

11.2.3 基本原理及适用范围

1. 风光互补发电系统工作的基本原理：光伏阵列将太阳能通过光生伏打效应转换成直流电，通过 MPPT 控制器实现最大功率跟踪；风轮将风能通过空气动力学原理转换成机械能，驱动发电机发出与风速呈一定关系的交流电，经整流变成直流电，并经 MPPT 控制器实现最大功率跟踪。二者皆通过智能控制器控制而接入直流母线上，给蓄电池供电；当交流用户需要用电时，则由蓄电池输出直流电经逆变器逆变成负荷要求的交流电再供给用户。

2. 对改善偏远地区农、牧民生活用电起到了积极的作用。利用太阳能、风能的互补特性，可以产生比较稳定的总输出，增加了系统供电的稳定性和可靠性，在保证同样供电的情况下，可大大减小储能蓄电池的容量。

3. 适用于高原地区，改善生活用电及日常办公用电。

11.2.4 技术工艺

1. 选择设备并确定系统容量

青藏高原的地理位置特殊，气候条件和风能资源也有其特殊性，因此在此地建设风电场与平原地区有许多不同之处。风能密度是决定风能潜力大小的重要因素之一。风能密度就是通过单位截面积的风所含的能量，以 W/m^2 来表示。大陆、海洋、山地等对太阳辐射热的吸收和释放不一样，使各地的空气密度不同，流动时产生的动能也就不一样。风能密度与空气密度有直接关系，而空气密度取决于气压和温度，与海拔高度有关。风能与海拔高度关系见表 11-1。

表 11-1 风能与海拔高度关系

海拔高度(m)	0	1 000	2 000	3 000	4 000	5 000
空气密度(kg/m³)	1.226	1.096	0.990	0.892	0.802	0.719
风能减少率(%)	0	11	19	27	35	41

青藏高原平均海拔高度在 3 500 m 以上,因此风能密度减少 30% 左右,发出同样功率的电量要小,青藏高原地区的装机容量要比平原地区大得多。这为以后合理选择系统容量提供了重要依据。

若每套风光互补发电系统按 400 W(150 W 光 + 250 W 风)算,鉴于高原地区空气密度较小,风机可选 400 W。

2. 研制风能太阳能 MPPT 控制器

MPPT 控制中心采用单片机作为核心,该单片机负责对采样的功率值进行分析、计算,然后调制输出 PWM 波形,调节 DC/DC 直流变换器的占空比,直至 DC/DC 变换器的输出直流侧获得最大输出功率。

3. 智能充放电控制器的设计

采用三阶段浮充充电控制策略,具体控制为:在蓄电池充电过程中,控制风光互补发电系统对蓄电池的最大充电电流。随着蓄电池所吸收电量的增多,蓄电池端电压上升,将蓄电池端电压与设定的电压值进行比较,达到浮充电压时,系统调节光伏方阵和风力发电系统输入能量,转入以浮充方式对蓄电池充电。如果电压继续上升,可根据情况接通卸荷器,进而保护了蓄电池。蓄电池放电时,端电压会逐渐降低,同时打开充电通路对蓄电池充电,当蓄电池电压降到预定的放电电压(放电深度)时,停止放电,以保护蓄电池。

4. 制作一套完整的风光互补电源控制系统

将调试成功的 MPPT 控制器、智能充放电控制器、逆变器经合理布局后,装入柜中(图11-2、图11-3),制作一套完整的风光互补电源控制系统,并进行控制系统的整体调试。

图11-2 小型风光互补示范电站

图11-3 控制箱及内部器件布局

11.2.5 注意事项

1. 合理选择装机地点,需较高的平均风速和较弱的紊流。
2. 风光互补发电系统实地安装调试,采集数据,验证设计的合理性。
3. 将整套系统进行现场安装,经调试能正常运行后交付使用。最后采集一些数据,以备日后对系统进行优化设计。

11.3 太阳能集中供暖技术

高原地区通过新产品开发和科研的投入,为太阳能产业发展解决了一些应用性关键问题,并为太阳能的推广应用提供了人才支撑。高原地区通过相继实施"阳光计划"、"科技之光"等太阳能推广应用和研究示范项目,使广大农牧民因使用太阳能而受益,有效改善了群众的生产生活条件。通过拓展太阳能的新用途,把太阳能产品推广到千家万户,不断提高群众的生活质量,减少对森林、草原的破坏,从而起到保护环境的作用。

以那曲物流中心太阳能集中供暖项目为例,其综合物流区采用太阳能供暖(图11-4),燃油锅炉作辅助热源,太阳能供暖近期保证率按平均每天太阳能保证 10 h 实施,预留太阳能保证 20~22 h 条件,综合物流区共设计太阳能集热器面积为 7 616 m^2,为目前全国单体面积最大的太阳能采暖系统。太阳能主要供应综合物流区 28 000 m^2 房屋供暖需求,热媒采用 45 ℃/38 ℃ 低温热水,由太阳能集热系统换热供给,燃油锅炉房作辅助热源,末端视房屋功能采用热水低温地板辐射采暖或采用风机盘管采暖。太阳能采暖系统设 160 m^3 蓄热水箱 4 座进行太阳能蓄热,整套太阳能采暖系统由设置在锅炉房内的太阳能自控柜控制运行。

太阳能控制主要实现如下功能:

(1)通过设置在太阳能集热器管路上的温度探头以及设置在蓄热水箱内的温度探头自动控制太阳能蓄热循环。

(2)通过设置在换热器出水侧的感温探头自动控制太阳能与锅炉联合供暖。

该项目太阳能采暖系统设备量大,控制原理复杂,其中锅炉房内各型号水泵32台,各型号电动阀(包括电动温控阀)33个,160 m^3 水箱4座,其余设备24套(包含太阳能控制系统)。通过太阳能控制系统能最优地控制设备运行,太阳能采暖系统运行良好,供暖温度达到设计要求。

图11-4 屋面太阳能采暖装置

11.4 自限温电拌热防冻技术

11.4.1 总 则

高海拔寒冷地区气候环境恶劣,水管等极易出现变脆、冻裂、堵塞、腐蚀等问题,而一旦出现问题,将会带来严重的经济损失。由于高海拔寒冷地区的气温常年较低,因此对水管的保温防冻尤其重要。在水管保温防冻方面,自限温电拌热防冻技术的应用具有很好的经济效益。

11.4.2 术　　语

电伴热水管保温技术：一种管道保温和防冻技术，具有使用方便、伴热效率高、节能环保、记忆性能好、维护简单及使用寿命长等优点。

11.4.3 基本原理及适用范围

自限温电伴热带可以根据现场安装的要求在一定程度上进行剪接，并且实现自动限温，配合电伴热附件还可以实现单根控制伴热，或者通过温控箱实现集中控制。此外，对于阀门、管道弯头等容易冻住的地方，自限温电拌热带可做到交叉缠绕而无过热之虑。在高海拔寒冷地区，采用自限温电拌热防冻技术能有效防止水管的冻裂灾害，防范因冻害造成的损失，从而提高经济效益。

11.4.4 技术工艺

1. 对保温范围内管道表面的油污、水分进行清除，再用专用胶带粘贴在管道表面。

2. 将自限温电伴热带紧贴管道表面缠绕，以利于传热。

3. 安装自限温电伴热带附件时，应将自限温电伴热带留有一定富余量，便于检修重复使用。

4. 阀门、法兰等可能更换的设备处，电伴热带应采用特殊缠绕方式，以保证维修时可以拆装。

5. 电控箱、电源安装。完成安装后，应进行绝缘测试，用500 V或1 000 V兆欧表测试，电伴热带线芯与编织网或金属管道间的绝缘电阻应不小于2 MΩ。

6. 保温层施工。保温材料必须干燥，且要保证材料的质量和厚度。外观完好，保温平整、紧致，拼缝拼合严密。

11.4.5 注意事项

1. 各种电伴热带安装敷设时均有最小弯曲半径要求,如果过度弯曲将会损坏电伴热带。
2. 沿管道平行敷设的电伴热带一般安装在管道下方且与管道横截面的水平轴线呈45°,若用2根电伴热带,要对称敷设。
3. 在容器上安装时,电伴热带应缠绕在容器中下部,通常不超过容器高度的2/3,一般为1/3。
4. 非金属管道的电伴热带,应在管外壁与电伴热带之间夹一金属片(铝箔),以提高伴热效果。
5. 安装电伴热带要充分考虑管道附件和设备拆卸的可能性,确保电伴热带本身不损坏。
6. 安装附件时,要求胶圈、垫圈、紧固件等齐全,安装正确、紧固,以防松动或盒内进水。
7. 在潮湿和腐蚀性环境下,必须使用加强型或船用电伴热带。

11.5 智能控制自动供水技术

11.5.1 总则

高海拔寒冷地区气温低、气候环境恶劣,供水保障尤为困难。在低温环境下,供水管路因无法及时排空而极易冻结,深挖厚埋的供水管路保温措施无法满足日常及特殊情况下的应急供水需要。因此,智能控制自动供水技术的应用尤为关键。

11.5.2 术语

智能控制自动供水:能够提高设备运行效率和可靠性,节省宝贵的水、电资源,是供水技术发展的必然趋势。通过控制柜面板上的控制器设定用户所需的供水压力值,微机时刻监测管网压力,当压力低于用户所需压力时,微机自动控制变频器启动,调节水泵转速升高,直到管网压力上升到用户所需压力,并控制水泵以恒定转速运行进行恒压供水。

11.5.3 基本原理及适用范围

1. 集变频调速技术、微机控制技术、集散控制技术、压力传感技术于一体,构成完整的压力闭环自动控制系统。

2. 设备用途:
(1)改造原有的水塔供水设备,可以利用原有资源。
(2)自来水厂、供水泵站、消防用水及大型中间加压泵站。
(3)工矿企业的生产、生活用水。

11.5.4 技术工艺

1. 向下排气,以避免在排气过程中损坏浮球或临界点,导致在电机或控制柜上喷洒自来水,导致电气损坏。

2. 设备底盘的底盘被激光切割,精度更高。安装在电机底部30 mm厚的阻尼橡胶垫,减少电机的振动和共振,使设备更加稳定,噪声更小,寿命更长。

3. 双浮球,双保护。如果浮球破裂或移位,上面的浮球将受到保护。

4. 无负压罐环缝采用包筋技术。原来只有一个保护改为双重保护,提高了焊缝外的拉力,避免了进口压力过高时对储罐的损坏。

5. 焊接是通过单面焊接和双面成型技术进行的。这使得焊接零件的背面更加光滑且不氧化。因此,自来水中的微量氯化物不会腐蚀焊缝,罐体的使用寿命大大提高。

11.5.5 注意事项

全自动技术的制作工艺以及制作手法的规范性决定了供水设

备的后期性能和稳定性,是自动供水设备不断更新的重要一步。当然,日常中的维护保养也是必不可少的,能够大大延长全自动供水设备的工作寿命,减少设备故障的发生。

11.6 SBR污水处理技术

11.6.1 总则

SBR是序批式(间歇)活性污泥法的简称。SBR的优点有:(1)理想的推流过程使生化反应推动力增大,效率提高,池内厌氧、好氧处于交替状态,净化效果好;(2)运行效果稳定,污水在理想的静止状态下沉淀,需要时间短、效率高,出水水质好;(3)工艺过程中的各工序可根据水质、水量进行调整,运行灵活;(4)反应池内存在的DO、BOD_5浓度梯度,有效控制活性污泥膨胀;(5)工艺流程简单、造价低,主体只有一个序批式间歇反应器,无二沉池、污泥回流系统,调节池、初沉池也可省略,布置紧凑、占地面积省。

在高原地区运用SBR污水处理技术可有效保护生态环境,防止污水直接排放给环境造成的损害,同时可节约用地,尽量减少对高原地区土地资源的破坏。运用自动化控制SBR污水处理技术,能极大地减少工作量,提高工作效率。

11.6.2 术语

SBR工艺:按时间间歇曝气方式来运行的活性污泥污水处理技术。

11.6.3 基本原理

SBR工艺由按一定时间顺序间歇操作运行的反应器组成。SBR工艺的一个完整操作过程,亦即每个间歇反应器在处理废水时的操作过程包括如下5个阶段:进水期、反应期、沉淀期、排水排泥期、闲置期(图11-5)。SBR的运行工况以间歇操作为特征。其中,自进水、反应、沉淀、排水排泥至闲置期结束为一个运行周期。在一个运行周期中,各个阶段的运行时间、反应器内混合液体积的变化及运行状态等都可以根据具体污水的性质、出水水质及运行功能要求等灵活掌握。

活性污泥法利用微生物来去除有机物,首先需要微生物将有机物转化成二氧化碳和水以及微生物菌体,反应后需要将微生物保存下来,在适当的时候通过排除剩余污泥从系统中除去新增的微生物量。连续流工艺是从空间进行这一过程的,污水首先进入反应池(曝气池),然后进入沉淀池对混合液进行沉淀,与微生物分离后的上清液外排;而 SBR 则是通过在时间上的交替实现这一过程。

SBR 去除有机物机理:在反应器内预先培养、驯化一定量的活性微生物(活性污泥),当废水进入反应器与活性污泥混合接触并有氧存在时,微生物利用废水中的有机物进行新陈代谢,将有机污染物转化为 CO_2、H_2O 等无机物,同时,微生物细胞增殖,最后在适当时间内将微生物细胞物质与水沉淀分离,从而废水得到处理。

图 11-5　SBR 工艺的运行模式

11.6.4　技术工艺

1. 工艺构造

SBR 工艺采用间歇进水、间歇排水,SBR 反应池有一定的调节功能,可以在一定程度上起到均衡水质、水量的作用。通过供气系统、搅拌系统的设计,自动控制方式的设计,闲置期时间的选择,可以将 SBR 工艺与调节、水解酸化工艺结合起来,使三者合建在一起,从而节约投资与运行管理费用。

在进水期采用水下搅拌器进行搅拌,进水电动阀的关闭采用液位控制,根据水解酸化需要的时间确定开始曝气时刻,将调节、水解酸化工艺与 SBR 工艺有机地结合在一起。反应池进水开始作为闲置期的结束,则可以使整个系统正常运行。

2. 主要设施与设备

(1) 设施的组成

SBR 法的设施有曝气装置、上清液排出装置(滗水器)以及其他附属设备。原则上不设初次沉淀池,本法应用于小型污水处理厂的主要原因是设施较简单和维护管理较为集中。为适应流量的变化,反应池的容积应留有余量或采用设定运行周期等方法。但是,对于游览地等流量变化很大的场合,应根据维护管理和经济条件研究流量调节池的设置。

(2) 反应池

反应池的形式为完全混合型,反应池十分紧凑,占地很少,形状以矩形为准,池宽与池长之比大约为 $1:1 \sim 1:2$,水深 $4 \sim 6$ m。反应池水深过深,基于以下理由是不经济的:如果反应池的水深大,排出水的深度相应增大,则固液分离所需的沉淀时间就会增加;专用的上清液排出装置受到结构上的限制,上清液排出水的深度不能过深。反应池水深过浅,基于以下理由是不希望的:在排水期间,由于受到活性污泥界面以上的最小水深限制,上清液排出的深度不能过浅;与其他相同 BOD-SS 负荷的处理方式相比,其优点是用地面积较少。反应池的数量,考虑清洗和检修等情况,原则上设 2 个以上;在规模较小或投产初期污水量较小时,也可建 1 个池。

(3) 排水装置

排水系统是 SBR 工艺设计的重要内容,也是其设计中最具特色和关系系统运行成败的关键部分。目前,国内外报道的 SBR 排水装置大致可归纳为以下几种:①潜水泵单点或多点排水,这种方式电耗大且容易析出沉淀污泥;②池端(侧)多点固定阀门排水,由上自下开启阀门,其缺点是操作不方便,排水容易带泥;③专用设备滗水器,滗水器是一种能随水位变化而调节的出水堰,排水口淹没在水面下一定深度,可防止浮渣进入。理想的排水装置应满足以下条件:单位时间内出水量大,流速小,不会使沉淀污泥重新翻起;集水口随水位下降,排水期间始终保持反应当中的静止沉淀状态;排水设备坚固耐用且排水量可无级调控,自动化程度高。

11.6.5 注意事项

在实际操作过程中,往往会因充水时间或曝气方式选择不当或操作不当而使基质的积累过量,致使发生污泥的高黏性膨胀。污染物在混合液内的积累是逐步的,在一个周期内一般难以马上表现出来,需通过观察各运行周期的污泥沉降性能的变化才能体现出来。为使污泥具有良好的沉降性能,应注意每个运行周期内污泥的SVI变化趋势,及时调整运行方式,以确保良好的处理效果。总之,在运行的过程中需要不断总结经验,对于出现的问题要及时采取相应的措施。因为往往问题的出现是相对难以预测的,需要引起重视,加强现场的巡查,及早发现问题并尽可能及时采取措施,从而保证正常的出水水质。

12 高海拔地区冬期施工

12.0.1 总 则

1. 为了在建筑工程冬期施工中认真贯彻执行国家的技术经济政策,做到技术先进、经济合理、安全适用、确保质量,制定本指南。

2. 本指南适用于工业与民用房屋和一般构筑物的冬期施工。

3. 凡进行冬期施工的工程项目,应复核施工图纸;对有不能适应冬期施工要求的问题,应及时与设计单位研究解决。

4. 进行冬期施工的工程除遵守本指南外,尚应遵守国家现行有关标准、规范的规定。

12.0.2 术 语

1. 冬期施工:根据当地多年气象资料统计,当室外日平均气温连续5 d稳定低于5 ℃即进入冬期施工;当室外日平均气温连续5 d高于5 ℃时解除冬期施工。

2. 受冻临界强度:冬期浇筑的混凝土在受冻以前必须达到的最低强度。

3. 蓄热法:混凝土浇筑后,利用原材料加热及水泥水化热的热量,通过适当保温延缓混凝土冷却,使混凝土冷却到0 ℃以前达到预期要求强度的施工方法。

4. 综合蓄热法:掺化学外加剂的混凝土浇筑后,利用原材料加热及水泥水化热的热量,通过适当保温延缓混凝土冷却,使混凝土温度降到0 ℃或设计规定温度前达到预期要求强度的施工方法。

5. 电加热法:冬期浇筑的混凝土利用电能加热养护,包括电极加热、电热毯、工频涡流、线圈感应和红外线加热法。

12.0.3 基本原理

根据《建筑工程冬期施工规程》(JGJ/T 104—2011)第1.0.3条的规定,当室外日平均气温连续5 d稳定低于5 ℃即转入冬期施工,当室外日平均气温连续5 d高于5 ℃时即解除冬期施工。在冬期施工前后,应密切注意天气预报和天气变化,以防突然降温,遭受寒流和霜冻的袭击。

混凝土之所以能凝结、硬化并取得强度,是水泥和水进行水化作用的结果。水化作用的速度在一定湿度条件下主要取决于温度,温度愈高,强度增长也愈快,反之则慢。当温度降至0 ℃以上时,水化作用基本停止,温度再继续降至-2 ℃~4 ℃,混凝土内的水开始结冰,水结冰后体积增大8%~9%,在混凝土内部产生冰晶应力,使强度很低的水泥石结构内部产生微裂纹,同时减弱了水泥与砂石和钢筋之间的粘结力,从而使混凝土后期强度降低。受冻的混凝土在解冻后,其强度虽然能继续增长,但已不能再达到原设计的强度等级。混凝土遭受冻结带来的危害,与遭冻的时间早晚、水灰比等有关,遭冻时间愈早,水灰比愈大,则强度损失愈多,反之则损失少。

12.0.4 技术工艺

1. 冬期施工材料选取技巧

对于混凝土冬期施工,首先应合理选取原材料,否则将难以达到预期的混凝土施工效果。结合工程实践经验,应优先选用硅酸盐水泥、普通硅酸盐水泥或硫铝酸盐快硬水泥,水泥强度等级不应低于32.5 MPa,用量不应少于300 kg/m³,水灰比不应大于0.6;砂、石子、水泥、水、掺合料质量符合国家标准,骨料中不得含有冰、雪、冻块。同时还需要对原材料采取保温与加热处理,冬期施工通过原材料保温与加热,使混凝土入模后保持一段正温时间,通过水化放热,再采取一定保温措施,使强度较快上升,在受冻前达到受冻临界强度。

冬期施工的混凝土强度增长可分为二个阶段:受冻前的增长与受冻后的增长(指混凝土构件表面受冻)。为了有效地确保混凝土在负温状态下,其总体强度的增长速度大于建筑施工自重荷载的增长,同时避免其遭受冻膨破坏,混凝土必须在受冻前具有一定的抗冻极限强度,称为受冻临界强度。混凝土只要在受冻前达到受冻临界强度,再受冻时对强度不会有大影响,转为常温后,强度的增长仍可达到设计的强度等级。因此对于混凝土材料还应考虑,当采用硅酸盐水泥或普通硅酸盐水泥配制时,受冻临界强度应为设计强度标准值的30%;采用矿渣水泥配制时应为设计强度标准值的40%;掺防冻剂的混凝土,当室外气温不低于 $-15\ ℃$ 时不得小于 4 MPa,当室外气温不低于 $-30\ ℃$ 时不得小于 5 MPa。

2. 混凝土的拌制

(1)拌制混凝土用的骨料必须清洁,不得含有冰雪和冻块,以及易冻裂的物质。在掺有含钾、钠离子的外加剂时,不得使用活性骨料。在有条件的时候,砂石筛洗应抢在零上温度时做,并用塑料纸、油布盖好。

(2)拌制掺外加剂的混凝土时,如外加剂为粉剂,可按要求掺量直接撒在水泥上面,与水泥同时投入;如外加剂为液体,使用时应先配制成规定浓度溶液,然后根据使用要求用规定浓度溶液配制成施工溶液。

(3)混凝土中添加防冻剂时,严禁使用高铝水泥。

(4)严格控制混凝土水灰比,由骨料带入的水分及外加剂溶液中的水分均应从拌和水中扣除。

3. 混凝土的运输和浇筑

混凝土的搅拌场地和混凝土的运输对于混凝土的使用性质有着重要影响,如果时间过长会导致混凝土出现离析,影响浇筑质量,所以应该尽量缩短混凝土搅拌到浇筑的时间。那么混凝土的搅拌场地应该尽量离施工现场近,这样能够减少运输的路程,对于运输混凝土所用的容器规格应该有严格的限制。在混凝土浇筑之前,应该对浇筑平面进行清理,保证混凝土浇筑质量。分层浇筑混凝土时,已浇筑层在未被上一层的混凝土覆盖前,不应低于计算规定的温度,也不得低于2℃。

4. 冬期施工的养护方法

冬期施工的养护方法有蓄热法、外加剂法、人工加热法。一般采取蓄热法或综合蓄热法进行养护,只有当上述方法不能满足时,再选用人工外部加热法。选择养护方法的目的,是保证混凝土尽快达到临界强度,避免遭受冻害,承重结构的混凝土要迅速达到出模强度,加快模板周转。

(1) 调整配合比法

主要适用于环境温度0℃左右的混凝土工程施工,具体措施:一是选择适当的水泥品种是提高混凝土抗冻性能的重要手段,推荐使用强硅酸盐水泥,该品种水泥比普通硅酸盐水泥发热量大,早期强度高,一般3d抗压强度相当于普通硅酸盐水泥7d抗压强度;二是尽量降低水灰比,合理增加水泥用量,降低拌和物坍落度,从而增加水化热量,缩短达到临界强度的时间;三是掺用早强剂,缩短混凝土的初凝时间,提高早期强度;四是掺加引气剂,提高拌和物的流动性,改善其黏聚性及保水性,缓冲混凝土内水结冰所产生的水压力,提高混凝土的抗冻性;五是选用颗粒硬度高和缝隙少的骨料,使其热膨胀系数和周围砂浆膨胀系数接近。此法注意在钢筋混凝土中禁止掺用氯盐类防冻剂,以防止氯盐锈蚀钢筋,混凝土中添加防冻剂时,严禁使用高铝水泥。

(2) 外部加热法

适用于环境气温-10℃左右且混凝土构件体积稍小的工程。加热混凝土构件周围空气,通过空气作为传热介质,把热量传给混凝土,或直接加热混凝土构件,使混凝土温度处于0℃以上并正常硬化。具体方法：一是火炉加热，一般在较小的工地使用，方法简单，造价低廉，缺点是室温不高，空气干燥，且排放的二氧化碳气体会使构件表面碳化，影响美观和混凝土质量；二是蒸气加热，用蒸气使混凝土在湿热条件下硬化，此法较易控制，加热温度均匀，缺点是费用高，热量损失且劳动条件不理想；三是电加热法，利用贴在混凝土表面的电热器通过钢筋作为电极，把电能转化为热能，此法操作简单方便，热损失少，易控制，但缺点是耗电量大；四是红外线加热，用高温电加热器或气体红外线发生器对混凝土进行密封辐射加热。

（3）蓄热法

此法适用于-10℃左右、构件体积较大的工程。具体方法：对拌和用水、砂、石通过蒸气进行加热，优先采用加热水的方法，水温一般不超过60℃，在加热水仍不能满足拌和物出机口温度要求时，再对骨料进行加热，使混凝土在搅拌、运输和浇筑后，还储备相当热量以便水泥水化放热加快，并加强保温，以保证构件在温度降至0℃以前有足够的抗冻能力，此法简单，费用低，但要注意内部保温，避免构件局部及外表面受冻，并延长养护时间。还应注意水泥不得与80℃以上的水直接接触，以避免出现水泥假凝，必要时先下砂、石、水，后加水泥搅拌，搅拌时间延长50%左右。

（4）外加剂法

在-10℃以上气温中，对混凝土拌和物掺加一种能降低水的冰点的化学制剂，使混凝土在负温下仍处于液态，水化作用继续进行，使混凝土强度继续增长。当前工程中常用的有氯化钙、氯化钠等单抗冻剂及亚硝酸钠加氯化钠复合抗冻剂。当混凝土掺加抗冻剂时，其适配强度要提高一个等级。

12.0.5 注意事项

1. 冬施前由技术负责人向全体施工人员进行冬施交底，各分项施工前由技术人员向工人进行具体技术交底。在技术交底的过程中,各个部门应该结合设计图纸和施工设计,对该施工的具体技术操作进行详细的探讨和分析,以更好地了解自己所在部门负责的施工任务,更好地配合其他部门完成施工任务,避免交底工作流于形式。

2. 冬施阶段施工由冬施领导小组统一指挥,混凝土运输由调度人员统一调配,工长协调指挥,并提出浇灌申请,项目总审批。由于冬季施工阶段的各方资源不容易协调,所以各个部门不应该擅自对自己的施工项目进行修改,应该将问题统一上报给审批单位进行统一处理和组织。

3. 浇筑混凝土时必须监守现场,掌握施工进度,了解混凝土搅拌及运输状况,确定混凝土用量,交接班时必须填写交接记录。如当班问题未处理应协助下班继续处理完毕或上报领导,不得拖延。

4. 冬施阶段,钢筋连接、混凝土浇筑是关键工序,质检员必须全过程跟踪检查、指导,混凝土浇筑前检查及浇筑后保温养护作为重点监测对象,外协队负责人、质检员及技术人员随时检。

5. 混凝土墙体拆模后应立即贴塑料布挂草帘子保温养护;楼板混凝土浇筑完成后,及时用塑料布、草帘子覆盖好保温养护。冬季养护时还应该注意在雨雪天气下的混凝土遮挡,因为雨雪的融化将会严重影响未定型的混凝土材料质量。

13 高海拔地区职业健康管理

13.1 高原施工医疗卫生保障和高原职业病的诊断分析防范

13.1.1 总 则

1. 为在高原高海拔地区施工中保障作业人员身体安全健康,做到技术先进、有效可行,制定本指南。
2. 本指南适用于高原高海拔地区施工单位医疗保障的建立以及对可能发生的高原职业病的发现、诊断及分析防范。
3. 高原施工医疗保障及高原职业病诊断除应符合本指南外,尚应符合国家现行有关标准、规范的规定。

13.1.2 术 语

1. 高原:海拔超过1 000 m的地区。
2. 职业病:企业、事业单位和个体经济组织的劳动者在职业活动中,因接触粉尘、放射性物质和其他有毒、有害物质等职业病危害因素而引起的疾病。

13.1.3 基本原理及适用范围

1. 高海拔高寒地区气候特点:光照强度大、日照时间长、气压低、含氧量低。
2. 急性高原反应常见症状为头痛、头晕;失眠多梦、精力不集中;判断力下降、食欲减退;恶心呕吐。
3. 急性高原肺水肿的常见诱因为感冒、过度疲劳、吸烟。

4. 大部分平原地区的人到高原后,一般经过 3~7 d,高原反应症状会基本消失。

5. 高原病包括急性高原反应、高原肺水肿、高原脑水肿。

6. 低氧低气压、寒冷和过度疲劳、上呼吸道感染是引起高原病的常见因素。

7. 急性高原肺水肿的常见症状为头痛、头晕等;咳嗽;咳粉红色泡沫样痰;呼吸困难。

8. 急性高原脑水肿的常见症状为剧烈头痛;恶心、喷射样呕吐;神志恍惚;意识朦胧、嗜睡。

13.1.4 技术工艺

1. 初到高原,饮食上宜做到高糖、低脂、适量蛋白、丰富维生素。

2. 搞好食堂卫生,食(用)具要做到(按顺序)洗、刷、冲、消毒。

3. 红景天、高原克星、复方丹参、西洋参胶囊等药物对高原反应有利。

4. 为预防肠道传染病,应做到讲卫生、爱清洁,把好"病从口入"关。

5. 宣传有关政策法规,普及高原病病理。

6. 发现吃了不洁食物后,可适量服用黄连素等药物。

7. 症状较重者,及时就医。

13.1.5 注意事项

1. 进驻高原初期应充分休息,保存体力,注意营养。
2. 保证睡眠时间和质量。
3. 行动宜缓,避免剧烈运动。
4. 注意防寒保暖,积极防治上呼吸道感染。

13.2 鼠疫、病媒措施

13.2.1 总　　则

1. 为加强高原高海拔地区病媒及鼠疫防止管理,减少高原施工受环境病害影响,制定本指南。
2. 本指南适用于高海拔高寒地区工程施工。
3. 病媒防治除应执行本指南外,尚应符合国家现行有关标准的规定。

13.2.2 术　　语

1. 鼠疫自然疫源地:鼠疫是典型自然疫源性疾病。具有动物鼠疫存在和流行的地区为鼠疫自然疫源地。鼠疫自然疫源地是在相应地理景观条件下,在生物进化的历史长河中,宿主、媒介、病原体经过长期的生存竞争,相互适应,通过自然选择而形成的一个牢固的统一体。这种有鼠疫菌循环其中的特定生态系统的地区称之为鼠疫自然疫源地。
2. 主要媒介:具有很高传播能力,对酿成和维持主要宿主的鼠疫流行和保持鼠疫自然疫源性起主要作用的蚤类。

13.2.3 基本原理及适用范围

1. 鼠疫主要临床表现为发病急,体温突然上升,头剧痛,出现呕吐、淋巴结肿大、心律不齐,脉搏每分钟120次以上。
2. 鼠疫是由鼠疫杆菌引起的中烈性传染病。
3. 鼠疫的特征是发病急、病程短、传染性强、死亡率高。
4. 在西藏地区,旱獭是鼠疫主要宿主动物。
5. 鼠疫是一种自然疫源性疾病,自然存在于啮齿类动物之间。
6. 鼠疫传播途径有:跳蚤叮咬、直接接触疫源动物、飞沫传播、猎取或剥食旱獭等。

13.2.4 技术工艺

1. 建立鼠疫等病媒生物叮咬报告制度。
2. 加强建设工地防控工作。
3. 建筑工地需搞好环境卫生和个人卫生,野外作业人员尽量减少在草地、树林等环境长时间坐卧,避免直接接触疫源动物。
4. 加强公共场所消杀工作。公共场所是人员流动的场所,人员流动量大、人员多,人员携带病媒生物的可能性大,应加强消杀工作。
5. 加强公共场所病媒生物防治力度,疾控所加强病媒生物监测,指导做好病媒生物防治工作。
6. 卫生监督所要加强监督检查,对病媒生物超标的单位要责令限期整改。

13.2.5 注意事项

1. 开展人员培训和健康教育宣传。
2. 提高职工病煤生物传播疾病的防控意识。
3. 早发现、早报告、早治疗。